高等数学思想与方法研究

王飞飞 刘明君 王 美◎著

黑龙江朝鲜民族出版社

图书在版编目（CIP）数据

高等数学思想与方法研究 / 王飞飞, 刘明君, 王美著. -- 哈尔滨：黑龙江朝鲜民族出版社, 2024.
ISBN 978-7-5389-2941-6

Ⅰ. O13

中国国家版本馆CIP数据核字第2025N06F12号

GAODENG SHUXUE SIXIANG YU FANGFA YANJIU

书　　名　高等数学思想与方法研究
著　　者　王飞飞　刘明君　王　美
责任编辑　朱英华　朴海燕
责任校对　姜哲勇
装帧设计　韩元琛
出版发行　黑龙江朝鲜民族出版社
发行电话　0451-57364224
电子信箱　hcxmz@126.com
印　　刷　黑龙江天宇印务有限公司
开　　本　787mm×1092mm　1/16
印　　张　13
字　　数　226千字
版　　次　2024年12月第1版
印　　次　2025年3月第1次印刷
书　　号　ISBN 978-7-5389-2941-6
定　　价　52.00元

前　言

在人类文明的长河中，数学始终扮演着至关重要的角色。它不仅是一门科学，更是一种探索世界、理解自然规律的工具。高等数学，作为数学学科的一个重要分支，不仅承载着深厚的数学理论基础，也蕴含着丰富的数学思想与方法。这些思想与方法不仅是数学学科内部的精髓，更广泛地渗透到科学、技术、经济、管理等各个领域，成为推动现代社会发展的重要力量。

本书旨在系统梳理和深入探讨高等数学中的核心思想与方法，为读者提供一个全面、深入的学习和研究平台。全书共分为九章，每一章都围绕一个特定的数学思想或方法进行阐述，力求做到既有理论深度，又具实践广度。

在第一章“高等数学思想概览”中，我们追溯数学思想的起源与发展，探讨其哲学基础，并分析数学思想与科学方法之间的紧密关系。同时，我们还展示数学思想在各个领域中的广泛应用，以揭示其普遍性和重要性。第二至第四章则分别聚焦于抽象与概括、归纳与类比、演绎与推理等具体的数学思想和方法，深入探讨这些思想和方法在高等数学中的作用和应用，通过具体的实例分析，展示它们是如何帮助我们理解和解决复杂的数学问题的。同时，我们也关注这些思想和方法在科学研究和实际应用中的价值，以及它们如何促进知识的创新和发展。

数学建模思想是现代数学的一个重要发展方向。在第五章中，我们详细介绍了数学建模的基本概念与步骤，探讨了常见数学模型的构建方法，并分析数学建模的误差来源和优化策略。此外，我们还将展示了数学建模在解决实际问题中的强大应用潜力，以及它在培养学生的创新思维和实践能力方面的重要作用。

极限思想和微积分思想是高等数学的核心内容。在第六章和第七章中，我们分别阐述了这两个思想的基本概念、发展历程和应用实例。通过深入剖析极限思想在微积分中的应用，以及微积分在解决实际问题中的广泛用途，揭示这两个思想在高等数学中的基础性地位和重要作用。

数形结合思想是一种直观而富有成效的数学思维方式。在第八章中，我们详细探讨了数形结合的基本概念与意义，展示如何通过数形结合解决几何和代数问题，并分析它在实际应用中的广泛价值。我们相信，通过这一章的学习，读者将更加深刻地理解数形结合的魅力。

最后一章“分类讨论与整合思想”带我们进入高等数学的另一个重要领域。这一章我们介绍了分类讨论的基本原则和方法，展示它在解决高等数学问题中的广泛应用。同时，我们也探讨了整合思想在解决复杂问题中的作用，以及如何培养学生的分类讨论与整合思维能力。

本书旨在为读者提供一个全面、深入的高等数学思想与方法的学习和研究平台。我们相信，通过本书的学习，读者不仅能够更加深刻地理解高等数学的精髓和魅力，还能够在科学研究和实际应用中更加灵活地运用这些思想和方法，为推动社会的进步和发展贡献自己的力量。

目　录

第一章　高等数学思想概览

第一节　数学思想的起源与发展

一、古代数学思想的萌芽与演变

数学作为人类探索自然、理解世界的重要工具，其发展历程源远流长，是人类智慧的结晶。在中国古代，数学的发展经历了漫长的萌芽、形成、发展和繁荣阶段，形成了独特的数学思想体系。

（一）古代数学思想的萌芽

根据考古学成果，数学的萌芽可以追溯到几十万年以前，分为史前时期和从公元前约五千年到公元前约 600 年两个阶段。

在史前时期，人类已经开始尝试用自然的法则来衡量物质的多少、时间的长短等抽象的数量关系。例如，已知最古老的数学工具是发现于斯威士兰列朋波山的列朋波骨，它大约是公元前 35000 年的遗物，上面被刻意切割出 29 个不同的缺口，用于记录妇女数量及妇女的月经周期。类似的计数系统也在非洲和法国等地被发现，这些都表明人类早期已经掌握了一定的计数方法。进入奴隶社会后，数学得到进一步发展。在黄河流域的古中国，几何观念在旧石器时代就已经逐步形成。早在五六千年前，古中国就有了数学符号，到三千多年前的商朝，刻在甲骨或陶器上的数字已十分常见，自然数记数采用了十进位制。这表明古中国在这一时期已经形成了数学的基本概念。

在商周时期，人们开始运用简单的计数和记数方法，特别是在商业交易中。他们使用象棋棋子、绳结、算筹等工具来进行简单的计数和记数，这些工具奠定了后来数学计数体系的基础。同时，人们还创造了规、矩、准、绳等作图与测量工具，用于丈量土地面积、测算山高谷深等。

（二）古代数学思想的体系形成

汉代至唐代是中国数学体系逐渐形成的时期，这一时期的数学家们注意到了数学问题的抽象性和普适性，开始形成了一套比较系统的数学理论体系。

《九章算术》是战国、秦、汉时期数学发展的总结，堪称世界数学名著。它包含了分数四则运算、今有术（西方称三率法）、开平方与开立方、盈不足术（西方称双设法）、各种面积和体积公式、线性方程组解法、正负数运算的加减法则、勾股形解法等内容，其成就居世界领先地位。《九章算术》的特点在于它形成了一个以筹算为中心、与古希腊数学完全不同的独立体系。它采用按类分章的数学问题集的形式，算式都是从筹算记数法发展起来的，重视应用但缺乏理论阐述。这与当时社会条件与学术思想密切相关，秦汉时期一切科学技术都要为当时确立和巩固封建制度，以及发展社会生产服务，强调数学的应用性。

除了《九章算术》外，汉代至唐代的数学著作还有《周髀算经》《张丘建算经》《孙子算经》等，这些著作共同标志着中国古代数学理论体系和方法的建立。例如，《周髀算经》本是一部以数学方法阐述盖天说的天文著作，其中包含了勾股定理的特例，对后世数学发展产生了深远影响。

（三）古代数学思想的发展

宋元明清四个朝代是中国数学发展的黄金时期，数学家们在代数、几何、方程解法等领域取得了显著成就。

宋元时期，数学家们在前人基础上进一步推动了数学的发展。例如，秦九韶的《数学九章》和三国刘徽的《海岛算经》等著作见证了中国数学在这一时期的辉煌。南北朝时期，祖冲之不仅精确计算出了圆周率，还提出了祖暅原理，为后世立体几何的发展奠定了基础。明清时期，数学家们在数论、代数、方程解法等方面做出了杰出贡献。柯尚、戴彦等人的数论工作，以及杨辉、秦九韶等人在代数方面的成就，都是当时的璀璨之星。他们的工作不仅丰富了中国古代数学的内容，也为后世数学研究提供了宝贵的参考。

（四）古代数学思想的演变特点

古代数学思想的演变过程中，呈现出以下几个显著特点：

古代数学的发展经历了从感性认识到理性认识的转变。在萌芽时期，人们对数学的认识主要停留在感性层面，通过生产实践积累了大量的感性知识。随着社会的进步和生产力的发展，人们开始对数学问题进行抽象和概括，逐步形成了系统的数学理论体系。

古代数学的发展始终与生产实践紧密结合。无论是丈量土地、测算山高谷深，还是制定历法、进行商业交易，都需要数学知识的支持。因此，古代数学家们的研究往往围绕着生产实践中的具体问题展开，形成了具有鲜明应用特色的数学理论体系。

古代数学的发展强调实用性和应用性。这一特点在《九章算术》等著作中得到了充分体现。这些著作以解决实际问题为中心，注重算法和公式的实际应用，而较少涉及理论推导和证明。这种实用主义倾向在一定程度上促进了古代数学的发展和应用。

自 19 世纪以来，中国数学开始与西方数学相互影响和融合。西方数学的引入为中国数学的发展带来了新的思路和方法，推动了中国数学向更高水平发展。同时，中国古代数学的独特思想和方法也对西方数学产生了一定影响，促进了中西数学思想的交流和融合。

二、近代数学思想的形成与突破

近代数学思想的形成与突破是一个充满变革与创新的过程，它不仅标志着数学从古典向现代的转变，也反映了人类认知能力的飞跃。这一时期，数学不再仅仅是计算和解决问题的工具，更成为探索自然规律、理解宇宙本质的重要手段。

（一）近代数学思想的形成背景

近代数学思想的形成背景是多方面的，包括社会、经济、科技和文化等多个层面的变革。

随着工业革命的到来，社会经济结构发生了巨大变化。工业化生产需要更精确的计算和更有效的管理方法，这推动了数学在实际应用中的发展。同时，经济的繁荣也为学术研究提供了更多的资源和支持。科技革命，特别是物理学和天文学的发展，对数学提出了新的需求。伽利略、牛顿等科学家的研究推动了微积分学和概率论的发展，使得数学成为探索自然规律的重要工具。

文艺复兴和启蒙运动促进了思想的解放和文化的繁荣，这为数学思想的创新提供了良好的氛围。同时，教育制度的改革使得更多人有机会接受数学教育，培养了大量的数学人才。

（二）近代数学思想的主要成就

近代数学思想在多个领域取得了显著成就，其中微积分学、概率论和数理逻辑是最为突出的几个方面。

微积分学是近代数学最重要的成就之一。牛顿和莱布尼茨分别独立发明了微积分学，为物理学、工程学等领域提供了强大的数学工具。微积分学的创立不仅解决了许多实际问题，也推动了数学理论的深入发展。

概率论是近代数学的另一个重要分支。随着保险业和赌博业的发展，人们对随机现象的研究日益深入。帕斯卡、费马、贝叶斯等数学家的贡献使得概率论逐渐成为一门系统的学科，并在统计学、经济学等领域得到广泛应用。

数理逻辑是近代数学思想的又一重要突破。布尔、弗雷格等数学家的工作奠定了数理逻辑的基础，使得数学推理更加严谨和系统化。数理逻辑的发展不仅推动了数学本身的进步，也对计算机科学等领域产生了深远影响。

（三）近代数学思想的突破性进展

近代数学思想在多个方面实现了突破性的进展，这些进展不仅改变了数学的面貌，也影响了人类对自然和社会的认知。

近代数学思想的一个重要突破是数学语言的精确化。数学家们开始注重定义、公理和推理的严谨性，这使得数学成为一门更加精确和系统的学科。这种精确化的趋势不仅推动了数学学科本身的发展，也为其他学科提供了更加可靠的数学工具。近代数学思想在方法上也实现了重大创新。微积分学、概率论和数理逻辑等新的数学方法的出现，为解决问题提供了更多的思路和手段。这些方法的创新不仅推动了数学理论的进步，也在实际应用中发挥了巨大作用。近代数学思想的一个重要特征是数学与其他学科的交叉融合。数学家们开始将数学方法应用于物理学、经济学、生物学等领域，推动了这些学科的发展。同时，其他学科的发展也为数学提供了新的研究问题和思路。

近代数学思想的形成与突破还表现在其国际化趋势上。随着欧洲文化的传播和全球交流的增多，数学思想也开始跨越国界进行传播和交流。不同国家的数学家们相互借鉴和学习，共同推动了数学的发展。

（四）近代数学思想的影响与意义

近代数学思想的形成与突破对数学本身以及其他领域的发展都产生了深远的影响。

近代数学思想的形成推动了数学理论的深入发展，使得数学成为一门更加系统、严谨和强大的学科。同时，近代数学思想也为后来的现代数学的发展奠定了基础。近代数学思想在科技发展中发挥了重要作用，如微积分学、概率论等数学工具的应用推动了物理学、工程学等领域的进步，为工业革命和科技革命提供了重要的支持。近代数学思想在社会经济发展中也发挥了重要作用，如在金融、保险、管理等领域的应用提高了经济活动的效率和准确性，推动了社会经济的繁荣。

三、现代数学思想的发展与创新

现代数学思想的发展与创新是一个充满活力与探索的过程，它不仅在数学学科内部推动了理论的深化和方法的革新，也与其他学科相互交融，共同促进了人类认知的进步和科技的发展。

（一）现代数学思想的发展历程

现代数学思想的发展历程可以追溯到 19 世纪末至 20 世纪初，这一时期数学经历了从经典向现代的转型。非欧几何、集合论、数理逻辑等新的数学分支的兴起，标志着现代数学的开端。随后，随着科学技术的迅猛发展，特别是计算机技术的普及，数学的应用领域不断拓宽，数学思想也随之发生了深刻的变化。

现代数学思想的一个重要特征是数学的抽象化与结构化。数学家们开始更加注重数学对象的本质属性和结构关系，通过抽象和概括，建立了更加一般和统一的数学理论。这种抽象化与结构化的趋势使得数学更加严谨和系统化，也为数学的应用提供了更广阔的空间。现代数学思想还表现在数学的交叉融合与跨学科发展上。数学家们开始将数学方法应用于物理学、经济学、生物学等领域，推动了这些学科的发展。同时，其他学科的发展也为数学提供了新的研究问题和思路，促进了数学的跨学科发展。

（二）现代数学思想的主要创新方向

现代数学思想在多个方向上实现了创新，这些创新不仅推动了数学理论的深化，也为数学的应用开辟了新的道路。

随着计算机技术的快速发展，数值方法与计算技术成为现代数学思想的重要创新方向。数学家们利用计算机强大的计算能力，发展了各种高效的数值算法和计算方法，解决了许多传统数学方法难以解决的问题。这种创新不仅推动了数学理论的发展，也在工程、物理、经济等领域得到了广泛应用。

随机过程与概率论是现代数学思想的另一个重要创新方向。随着随机现象在自然界和社会中的普遍存在，数学家们对随机过程的研究日益深入。他们发展了随机分析、随机微分方程等新的数学工具，为金融、保险、生物统计等领域提供了强大的数学支持。

非线性科学与复杂性研究的兴起是现代数学思想的又一重要创新方向。传统的线性理论已经无法满足对复杂系统的描述和理解，数学家们开始关注非线性现象和复杂系统的研究。他们发展了分岔理论、混沌理论、复杂网络等新的数学理论和方法，为物理学、生物学、社会学等领域的研究提供了新的视角和工具。

（三）现代数学思想在当代社会中的应用与影响

现代数学思想在当代社会中发挥着越来越重要的作用，其应用与影响渗透到各个领域。

现代数学思想在科学技术的发展中发挥着关键作用。无论是物理学中的量子理论、相对论，还是工程学中的控制理论、优化设计，都离不开现代数学的支持。数学思想的创新推动了科学技术的进步，也为人类社会的发展带来了更多的可能性。

现代数学思想在经济金融的分析与决策中也发挥着重要作用。数学家们利用概率论、随机过程等数学工具，建立了各种经济模型和金融模型，为政策制定者、投资者等提供了科学的决策依据。这种数学化的分析与决策方法提高了经济金融活动的效率和准确性。

现代数学思想还在社会管理与公共服务中发挥着积极作用。例如，在交通规划、资源配置、疾病防控等领域，数学家们利用优化理论、网络分析等数学方法，提供了科学的解决方案和管理策略。这些数学方法的应用提高了社会管理和公共服务的效率和质量。

现代数学思想的发展也提升了人类的认知能力。数学家们通过探索数学规律和创新数学方法，培养了严谨的思维和系统的推理能力。这种数学思维的训练不仅对数学学科本身有益，也对人类社会的发展和进步具有重要意义，它使得人们能够更加深入地理解自然和社会现象，更加科学地解决问题和做出决策。

第二节　数学思想的哲学基础

一、数学与哲学的内在联系

在人类知识的广阔领域中，数学与哲学无疑是最为深邃且富有魅力的两个学科。它们各自独立，却又在某些深层次上紧密相连，共同构筑起人类智慧的基石。

（一）起源：共同的探索冲动

数学与哲学的起源都可以追溯到人类最初的探索冲动。在古代，无论是东方的孔子、老子，还是西方的泰勒斯、毕达哥拉斯，这些伟大的思想家都在尝试用各自的方式解释世界的本质和规律。数学，作为一种精确描述世界数量关系和空间形式的工具，逐渐从具体的实践中抽象出来，形成了一套独特的符号体系和推理方法。而哲学，则更多地关注世界的本原、人生的意义、知识的来源等更为宽泛和深刻的问题。

尽管起点相似，但数学和哲学在发展过程中逐渐分化，形成了各自独特的研究领域和方法论。然而，这种分化并不意味着它们之间的断裂，相反，它们在某些核心问题上仍然保持着紧密的联系。

（二）方法论：理性与逻辑的共舞

数学和哲学在方法论上有着显著的共同之处，那就是对理性和逻辑的极致追求。数学通过严格的定义、公理和推理规则，构建了一个严谨而自洽的知识体系。在这个体系中，每一个结论都必须经过严格的证明，才能被接受为真理。这种对理性的坚持，使得数学成为一门最为精确和可靠的学科。

哲学虽然不像数学那样有着明确的公理和推理规则，但它同样强调理性和逻辑的重要性。哲学家们通过思辨和论证，试图揭示世界的本质和规律，他们的思考过程同样需要遵循逻辑的规则，避免自相矛盾和主观臆断。因此，可以说哲学和数学在方法论上是相通的，它们都是人类理性思维的产物。

（三）语言与逻辑：共同的表达工具

数学和哲学在语言和逻辑方面也有着密切的联系。数学是一种高度抽象和形式化的语言，它通过符号、公式和算法来表达和推理数量关系和空间形式。这种语言不仅具有精确性，还具有普遍性，可以被不同文化背景的人所理解和接受。

哲学虽然不像数学那样有着一套形式化的语言，但它同样注重语言的准确性和逻辑性。哲学家们通过精炼的概念和严密的论证来表达他们的思想，他们的语言同样具有普遍性和抽象性。因此，可以说数学和哲学在语言和逻辑方面是相通的，它们都是人类思维的表达工具。

（四）对世界本质的探索：共同的追求

数学和哲学在探索世界本质方面也有着共同的追求。数学通过抽象和概括，揭示了自然界和社会现象中的数量关系和空间形式，为我们提供了一种理解世界的独特视角。哲学家们则通过思辨和论证，试图揭示世界的本原、人生的意义等更为深刻的问题。虽然他们的研究方法和结论可能各不相同，但他们的追求却是相同的，那就是探索世界的本质和规律。

在这种共同的追求下，数学和哲学相互渗透、相互影响。数学家们在研究过程中往往会受到哲学思想的启发和影响，而哲学家们也会借助数学工具来构建他们的理论体系。这种相互渗透和影响使得数学和哲学在探索世界本质方面形成了独特的互补关系。

二、数学思想的哲学根源探讨

数学，不仅是一门科学，更是一种独特的思维方式。其深邃的逻辑体系、精确的符号语言以及广泛的应用领域，都彰显出数学思想的深刻内涵。然而，数学并非孤立存在，它与哲学有着千丝万缕的联系。

（一）哲学的本质与数学思想的关联

哲学，作为探究世界本原、人生意义、知识来源等根本问题的学科，其本质在于对人类思维和认知的深刻反思。而数学思想，作为人类理性思维的重要体现，其形成和发展同样离不开哲学的滋养。

首先，哲学为数学思想提供了本体论的基础。哲学关于世界本原和本质的思考，为数学提供了探究的对象和范围。例如，古希腊哲学家毕达哥拉斯认为“万物皆数”，这一观点为数学的发展奠定了重要的思想基础，使得数学家们开始用数的语言来描述和解释世界。其次，哲学为数学思想提供了认识论的支持。哲学关于知识来源和真理标准的探讨，为数学提供了判断真假、优劣的标准。数学家们在构建数学体系时，必须遵循逻辑的规则，确保每一个结论都经过严格的证明，这种对真理的追求正是哲学认识论在数学中的体现。

（二）哲学对数学思想发展的影响

哲学不仅为数学思想提供了本体论和认识论的基础，还在其发展过程中发挥了重要的推动作用。

随着哲学思想的演进，数学观念也在不断变革。例如，近代哲学中的唯理主义和经验主义之争，对数学的发展产生了深远影响。唯理主义者强调理性的重要性，认为数学是理性的典范，这一观点推动了数学向更加抽象和形式化的方向发展。而经验主义者则强调经验的重要性，认为数学应该更加关注实际应用，这一观点促进了数学与其他学科的交叉融合。哲学方法为数学研究提供了新的视角和思路。例如，哲学中的辩证法思想被广泛应用于数学研究中，使得数学家们能够更加深入地理解数学对象的本质和规律。同时，哲学中的归纳、演绎等推理方法也为数学证明提供了有力的工具。

许多伟大的哲学家同时也是杰出的数学家或对数学有着深刻的理解。他们的哲学思想对数学的发展产生了重要影响。例如，笛卡尔的解析几何思想不仅推动了数学的发展，还对整个现代科学的发展产生了深远影响。康德的先验哲学也为数学基础的研究提供了新的思路。

（三）数学思想对哲学及人类认知的反哺

数学思想在受到哲学滋养的同时，也对哲学及人类认知产生了重要的反哺作用。

数学思想为哲学研究提供了新的方法和工具。例如，数学逻辑的发展为哲学提供了更加精确和严谨的推理方法，使得哲学家们能够更加深入地探究世界的本质和规律。同时，数学中的模型化方法也被广泛应用于哲学研究中，为哲学家们提供了新的思考方式。数学思想的应用不仅局限于数学本身，还拓展到了哲学等其他学科。例如，数学中的概率论和统计学被广泛应用于社会科学和哲学研究中，为这些学科提供了新的研究方法和视角。同时，数学中的非线性科学和复杂性研究也为哲学探究世界的复杂性和多样性提供了新的思路。

数学思想对人类认知能力的提升有着重要作用。通过学习和运用数学思想，人们能够培养严谨的思维和系统的推理能力。这种数学思维的训练不仅对数学学科本身有益，还对人类整体的认知和思维能力有着积极的促进作用。它使得人们能够更加深入地理解世界、更加科学地解决问题和做出决策。

三、哲学对数学思想发展的影响

哲学，作为探究世界本原、人生意义、知识来源等根本问题的学科，其深邃的思考和独特的视角对数学思想的发展产生了深远的影响。

（一）哲学思想推动数学观念的变革

哲学思想的演进对数学观念的发展起到了重要的推动作用。在不同的哲学思潮下，数学家们对数学的本质、价值和方法有了不同的理解和追求。

唯理主义强调理性的重要性，认为数学是理性的典范。在这一哲学思潮的影响下，数学家们开始更加注重数学的抽象性和形式化推动了数学向更加纯粹和理论化的方向发展。与唯理主义相对立的是经验主义。经验主义者强调经验的重要性，认为数学应该更加关注实际应用。在这一哲学思潮的影响下，数学家们开始更加注重数学的应用价值，尝试将数学方法应用于其他学科中，以解决实际问题。这种对数学应用化的追求，促进了数学与其他学科的交叉融合，推动了数学在科学研究和社会生活中的广泛应用。

（二）哲学方法为数学研究提供新的视角

哲学方法为数学研究提供了新的视角和思路，使得数学家们能够更加深入地理解数学对象的本质和规律。

哲学中的辩证法思想被广泛应用于数学研究中。辩证法强调对立面的统一和斗争，认为事物的发展是矛盾不断产生和解决的过程。在数学研究中，辩证法思想可以帮助数学家们更加深入地理解数学对象的本质和规律，揭示数学定理之间的内在联系和矛盾。通过运用辩证法思想，数学家们能够更加全面地把握数学对象的本质特征，推动数学研究的深入发展。

哲学中的归纳法是一种重要的推理方法，它从个别事例出发，通过概括和总结得出一般性的结论。在数学证明中，归纳法被广泛应用于定理的证明和公式的推导中。通过运用归纳法，数学家们可以从具体的数学事例出发，逐步推导出一般性的数学定理和公式，这为数学研究的深入发展提供了有力的工具。

演绎法是哲学中另一种重要的推理方法，它从一般性的原理出发，通过逻辑推导得出具体的结论。在数学体系构建中，演绎法被广泛应用于公理体系的构建和定理的推导中。运用演绎法，数学家们可以构建出严谨的数学公理体系，确保数学定理的精确性和普适性。同时，演绎法还可以帮助数学家们发现数学定理之间的内在联系和规律，推动数学研究的深入发展。

（三）哲学家对数学思想的贡献

柏拉图是古希腊著名的哲学家和数学家。他提出了理念论的思想，认为数学对象是真实存在的理念世界中的一部分。这一思想对数学的发展产生了深远的影响。它使得数学家们开始更加注重数学对象的本质和规律，尝试通过构建严谨的公理体系来揭示数学理念世界的奥秘。

康德是德国著名的哲学家和数学家。他对数学基础的研究做出了重要贡献。他提出了先验哲学的思想，认为数学知识是先验的、直观的。这一思想使得数学家们开始更加注重数学基础的严谨性和直观性，尝试通过构建更加完善的公理体系来确保数学基础的稳固性。

罗素是英国著名的哲学家和数学家。他对数学逻辑的研究做出了重要贡献。他提出了类型论的思想，为解决数学中的悖论问题提供了有力的工具。同时，他还将数学逻辑应用于其他学科中，推动了逻辑学在科学研究中的广泛应用。

四、当代哲学视角下的数学思想解读

在当代哲学的广阔视野下，数学思想不仅作为科学探索的工具，更成为理解世界本质和人类思维方式的重要窗口。

（一）数学思想的哲学本质：从抽象到实在

在当代哲学中，数学常被视为一种高度抽象的符号系统，它超越了具体事物的表象，揭示了事物之间的内在关系和普遍规律。数学哲学强调数学概念的抽象性和普适性，认为数学不仅是对现实世界的描述，更是对现实世界本质结构的揭示。例如，集合论、数论、几何等数学分支，通过构建抽象的数学模型，揭示了事物之间的数量关系、空间结构等本质属性。然而，数学的抽象性并不意味着它与现实世界脱节。相反，数学的抽象概念往往能够在实践中找到对应物，指导人类解决实际问题。这种从抽象到实在的转化过程，体现了数学思想的深刻哲学内涵。它告诉我们，数学不仅是理论思维的产物，更是人类认识世界、改造世界的强大工具。

（二）数学思想的逻辑基础：严谨性与创造性并存

当代哲学强调逻辑在思维中的重要性，而数学正是逻辑思维的典范。数学的推导和证明过程需要严密的逻辑和理性的思考，任何一步的疏忽都可能导致结论的错误。这种严谨性使得数学成为一门可靠的科学，其结论具有普遍性和确定性。然而，数学的严谨性并不意味着它缺乏创造性。相反，数学家在探索未知领域时，往往需要发挥想象力和创造力，提出新的假设和猜想，并通过严格的逻辑推导加以验证。这种创造性与严谨性的并存，是数学思想的重要特征之一。它告诉我们，在追求真理的道路上，既要保持严谨的态度，又要敢于突破常规、勇于创新。

（三）数学思想的认知价值：促进人类思维方式的变革

当代哲学关注人类认知方式的多样性和复杂性，而数学思想则在这一过程中发挥了重要作用。数学不仅教会我们如何运用逻辑思维来解决问题，更引导我们学会抽象思考、模式识别和推理判断等高级认知技能。这些技能不仅在数学领域有用武之地，更可以广泛应用于科学、工程、经济、管理等各个领域。

此外，数学思想还促进了人类思维方式的变革。它使我们认识到，世界是复杂多变的，任何单一的解释或模型都无法完全把握其本质。因此，我们需要学会运用多元化的思维方式来理解和应对复杂问题。这种思维方式的变革不仅有助于我们更好地认识世界，更有助于我们更好地应对未来的挑战。

（四）数学思想的教育意义：培养全面发展的人才

在当代社会，数学教育的重要性日益凸显。它不仅关乎个人的职业发展和社会竞争力，更关乎整个国家的创新能力和发展潜力。从哲学视角来看，数学教育不仅应该传授数学知识和技能，更应该注重培养学生的数学思维和数学素养。

数学思维是一种高度抽象和逻辑化的思维方式，它要求学生具备严密的逻辑推理能力、敏锐的直觉洞察力和创新的解决问题的能力。这些能力不仅在数学领域有用武之地，更可以迁移到其他学科和领域中，为学生的全面发展打下坚实的基础。

数学素养则是指学生具备的数学观念、数学方法和数学精神等方面的综合素养。它要求学生不仅要掌握数学知识和技能，更要理解数学的本质和价值，学会用数学的眼光观察世界、用数学的思维思考问题、用数学的方法解决问题。这种素养的培养不仅有助于提高学生的综合素质和创新能力，更有助于培养学生的科学精神和人文精神。

第三节　数学思想与科学方法的关系

一、数学思想在科学方法论中的地位

数学思想在科学方法论中的地位是一个深刻且多维度的话题，它涉及科学方法论的本质、数学思想的特性以及两者之间的相互作用。

（一）科学方法论概述

科学方法论是研究科学知识的获取、验证和发展的一套系统方法。它涵盖了观察、实验、推理、假设、验证等多个环节，旨在确保科学研究的客观性、准确性和可重复性。科学方法论的核心在于提供一种理性的、系统的框架，以指导科学家如何进行科学探索，并如何评估科学成果的有效性。

（二）数学思想的特性

数学思想是人类在认识世界和改造世界的过程中，对数学对象的本质和规律的一种理性认识。它具有以下几个显著特性：

抽象性：数学思想通过抽象化的方式，从具体的事物中提取出普遍的数学规律和结构，使得数学能够超越具体情境的限制，具有广泛的应用性。

逻辑性：数学思想强调严密的逻辑推理，通过定义、公理、定理等构成了一个严谨的逻辑体系，确保了数学结论的准确性和可靠性。

精确性：数学思想追求精确的量化表达，通过数学语言对自然现象和社会现象进行精确的描述和分析。

普适性：数学思想具有跨学科的应用价值，不仅在数学领域内部发挥着重要作用，还广泛渗透到物理学、化学、生物学、经济学等多个学科领域。

（三）数学思想在科学方法论中的地位

数学是一种精确的科学语言，它能够以简洁、明了的方式表达科学现象和规律。在科学研究中，数学语言被广泛应用于描述实验数据、构建理论模型、推导科学定律等各个环节。数学思想为科学方法论提供了一种精确、严谨的表达工具，使得科学研究能够更加深入地揭示自然界的奥秘。

数学思想强调逻辑推理和严谨证明，这为科学方法论提供了一种理性的思维框架。在科学研究中，科学家需要运用数学思想进行假设的构建、实验的设计、数据的分析等，以确保科学研究的客观性和准确性。数学思想帮助科学家在复杂的科学现象中保持清晰的思维，避免主观臆断和偏见的影响。数学思想在科学理论的构建和发展过程中发挥着至关重要的作用。科学家通过运用数学工具进行理论建模、方程求解、数值模拟等，能够更深入地理解自然现象的内在机制和规律。数学思想为科学理论提供了一种量化的、精确的描述方式，使得科学理论能够更加准确地预测和解释自然现象。

数学思想作为一种普遍性的科学语言，具有跨学科的应用价值，它能够将不同学科领域的知识和方法相互联系起来，促进学科之间的交叉与融合。在数学思想的指导下，科学家能够跨越学科界限，进行更加深入和全面的科学研究。

二、科学方法在数学思想形成中的作用

科学方法为数学家提供了丰富的探索工具和手段，促进了数学思想的形成与发展。例如，实验数学利用计算机模拟和数据分析等现代科技手段，对复杂的数学问题进行深入研究，从而揭示了新的数学规律和现象。这些新的发现不仅丰富了数学内容，也推动了数学思想的不断创新。

科学方法强调对问题的深入剖析和细致研究，这种精神在数学研究中得到了充分体现。数学家们通过运用科学方法，对数学问题进行层层剥笋式的分析，逐步揭示其内在规律和本质特征。在这个过程中，新的数学思想和方法不断涌现，推动了数学研究的不断深入和发展。科学方法注重知识的系统化和规范化，这种要求在数学思想的形成过程中同样得到了体现。数学家们在探索数学问题的过程中，不断总结和提炼自己的思想和方法，逐步形成了系统化的数学知识体系。同时，他们还通过严格的逻辑推理和证明，确保数学思想的准确性和可靠性，推动了数学思想的规范化发展。

科学方法强调科学知识的交流与传播，这对于数学思想的形成与发展具有重要意义。数学家们通过发表论文、参加学术会议等方式，将自己的研究成果和思想方法介绍给同行和学术界。这种交流不仅促进了数学知识的共享和融合，也推动了数学思想的不断升华和完善。同时，科学方法的广泛应用还使得数学思想得以跨越学科界限，与其他领域的知识和方法相互融合，形成了更加丰富的知识体系。科学方法不仅是一种研究工具和方法论原则，更是一种科学精神和素养的体

现。在数学思想的形成过程中，数学家们通过运用科学方法不断探索和创新，逐渐培养了自己的科学精神与素养。他们勇于质疑、敢于创新、追求真理的精神品质不仅推动了数学研究的深入发展，也为人类文明进步做出了重要贡献。

为了更好地说明科学方法在数学思想形成中的作用，我们可以选取一些具体的案例进行分析。例如，微积分学的形成与发展就是科学方法与数学思想相互作用的典型例证。牛顿和莱布尼茨等数学家通过运用观察、实验、推理等科学方法手段对运动、变化等自然现象进行深入研究，逐步形成了微积分学的基本概念和理论框架。在这个过程中他们不仅揭示了自然界的数学规律，还推动了数学思想的不断创新和发展。微积分学的形成不仅为物理学、工程学等领域提供了强大的数学工具，还推动了整个自然科学的进步和发展。

三、数学思想对科学方法发展的推动

在人类探索自然与社会规律的过程中，数学思想与科学方法始终如影随形，相互交织，共同推动着科学的进步。数学思想为科学方法提供了一种精确的语言和工具。在数学思想的指导下，科学家能够用数学语言准确地描述自然现象和社会现象，构建理论模型，进行逻辑推理和计算。这种精确性不仅提高了科学研究的准确性，还使得科学研究的结果更加具有可重复性和可验证性。

数学思想强调逻辑的严密性和体系的完整性，这对科学方法的发展产生了深远的影响。在科学研究中，数学家们通过严格的逻辑推理和证明，确保科学结论的准确性和可靠性。这种对逻辑和体系的追求推动了科学方法的系统化与规范化，使得科学研究更加具有条理性和连贯性。数学思想具有普遍的适用性，它能够跨越学科界限，渗透到各个科学领域。在数学思想的指导下，科学方法的应用范围得到了极大的拓展。例如，在物理学中，数学家们通过运用微积分、概率论等数学思想，推动了物理学理论的深入发展；在经济学中，数学家们通过运用数理逻辑、优化理论等数学思想，为经济学研究提供了新的视角和方法。

数学思想的不断发展和创新为科学方法带来了新的活力和可能性。随着计算机技术的飞速发展，数值计算、数据分析、机器学习等数学方法在科学研究中的应用越来越广泛。这些新的数学方法为科学家提供了更强大的研究工具，推动了科学方法的创新与进步。例如，在生物学研究中，数学家们通过运用数学建模和计算机模拟等方法，揭示了生物体内的复杂机制和规律；在天文学研究中，数学家们通过运用数理统计和机器学习等方法，处理了海量的天文数据，推动了天文学理论的深入发展。数学思想的培养对于科学家的成长和发展具有重要意义。通过学习和运用数学思想，科学家能够培养自己的逻辑思维能力、抽象思维能力和创新能力。这些能力对于科学家在科学研究中发现问题、提出假设、设计实验、分析数据等环节都至关重要。同时，数学思想的培养还能够激发科学家的探索精神和创新精神，推动他们在科学研究中不断取得新的突破。

第四节 数学思想在各领域的应用

一、数学思想在物理学中的应用实例

物理学，作为自然科学的基石，自古以来就与数学紧密相连。从古希腊的阿基米德到现代的杨振宁，物理学家们无不借助数学的力量来揭示自然界的奥秘。数学思想在物理学中的应用，不仅为物理学家提供了精确的语言和工具，还推动了物理学理论的深入发展和创新。

（一）微积分学在物理学中的应用

微积分学是数学思想的重要组成部分，它在物理学中的应用无处不在。牛顿和莱布尼茨发明的微积分学，为物理学提供了强大的数学工具，使得物理学家能够更准确地描述和解释自然现象。

在经典力学中，微积分学被广泛应用于描述物体的运动规律。例如，通过微积分学，我们可以推导出物体在自由落体、抛体运动等情况下的速度、加速度和位移等物理量。此外，在电磁学中，麦克斯韦方程组也是通过微积分学来描述的，它揭示了电场、磁场和电荷之间的关系。

（二）概率论与统计学在物理学中的应用

数学思想中的概率论与统计学在物理学中也有着广泛的应用。特别是在量子力学和统计物理学中，概率论与统计学的应用尤为突出。

在量子力学中，波函数的概率解释是理解量子现象的关键。物理学家通过波函数来描述量子系统的状态，并通过概率论来解释和预测量子系统的行为。例如，在双缝干涉实验中，物理学家利用概率论来解释电子通过双缝后形成的干涉图样。在统计物理学中，大量粒子的行为往往呈现出统计规律性。物理学家通过统计学

的方法来描述和解释这些规律。例如，在热力学中，物理学家利用统计学的方法来推导热力学定律，并解释温度、压强等宏观物理量的微观起源。

（三）群论在物理学中的应用

群论是数学中的一个抽象分支，它在物理学中的应用主要体现在对称性和守恒定律的研究中。物理学家通过群论来研究物理系统的对称性，并揭示对称性与守恒定律之间的深刻联系。

例如，在量子力学中，物理学家通过群论来研究粒子的自旋和角动量等性质。这些性质与粒子的对称性密切相关，并决定了粒子的行为方式。此外，在相对论中，洛伦兹群描述了时空的对称性，并揭示了时间与空间之间的深刻联系。

（四）数理逻辑与计算理论在物理学中的应用

数理逻辑与计算理论是数学中的逻辑分支，它们在物理学中的应用主要体现在理论物理和计算物理中。物理学家通过数理逻辑来构建和理解物理理论，并通过计算理论来模拟和预测物理现象。

例如，在量子场论中，物理学家利用数理逻辑来构建和理解复杂的量子场方程。这些方程描述了基本粒子之间的相互作用和演化规律。此外，在计算物理中，物理学家利用计算理论来模拟和预测物理现象。例如，通过计算机模拟，物理学家可以模拟出分子在液体中的运动情况，从而揭示液体的宏观性质。

（五）几何学在物理学中的应用

几何学是数学中的基础分支，它在物理学中的应用也极为广泛。从经典的欧几里得几何学到现代的微分几何和非欧几何，几何学为物理学家提供了描述和理解物理现象的有力工具。

在经典力学中，欧几里得几何学被广泛应用于描述物体的运动轨迹和形状。例如，通过几何学，我们可以描述出物体在平面上的直线运动、圆周运动等轨迹。此外，在广义相对论中，爱因斯坦利用微分几何来描述时空的弯曲和引力现象。他提出的引力场方程就是基于微分几何的。

二、数学思想在经济学中的应用探讨

数学与经济学，这两个看似截然不同的领域，实则紧密相连，相互促进。数学以其严密的逻辑、精确的语言和强大的工具性，为经济学提供了坚实的支撑，推动了经济学理论的深入发展和实践应用的广泛拓展。

（一）数学作为经济学的分析工具

经济学是研究资源配置和社会经济关系的科学，其核心在于对复杂经济现象和过程的精确描述与深入分析。数学作为一门研究数量关系和空间形式的科学，为经济学提供了强大的分析工具。

微积分是经济学中最基本的数学概念之一，广泛应用于优化理论、边际分析和微观经济学中。例如，在边际分析中，经济学家利用导数来研究某一经济变量（如产量、成本、收益等）的微小变化对另一经济变量的影响，从而帮助企业或个人做出最优决策。线性代数在博弈论、利润最大化、市场均衡等领域中发挥着重要作用。通过线性代数方法，经济学家可以构建和分析复杂的经济模型，揭示市场参与者的行为规律和市场均衡状态。

概率统计学在经济学中的应用主要体现在风险评估、投资组合优化和金融衍生品定价等方面。经济学家利用概率论和统计学方法来预测和评估经济活动的不确定性，为决策提供科学依据。

（二）数学在经济学中的建模与预测

数学模型是经济学研究的重要手段之一，它通过对经济现象的抽象和简化，揭示其内在规律和趋势。数学在经济学中的建模与预测功能，为经济学理论的发展和实践应用提供了有力支持。

经济学家通过构建经济增长模型，研究不同因素对经济增长的影响和贡献。这些模型往往基于数学方程和统计数据，通过模拟和预测来揭示经济增长的规律和趋势。在金融领域，数学模型的应用尤为广泛。例如，马科维茨提出的均值-方差模型通过数学计算和统计分析，帮助投资者在不同的资产中选择最佳的投资组合，实现风险与收益的最优平衡。

供需模型是微观经济学中的基本概念，它描述了市场上产品或服务的价格和数量之间的关系。通过数学方法和统计数据，经济学家可以绘制出市场需求曲线和供给曲线，预测市场均衡价格和均衡数量，为生产者和消费者提供决策参考。

（三）数学在经济学实证研究中的应用

实证研究是经济学研究的重要组成部分，它通过对实际经济数据的收集、整理和分析，验证和修正经济学理论。数学在经济学实证研究中的应用，提高了研究的科学性和精确性。

计量经济学是应用数学和统计学方法来研究经济现象的数量关系的一门学科。它通过建立计量经济模型，利用实际经济数据进行参数估计和假设检验，从而揭示经济变量之间的因果关系和动态关系。在经济学实证研究中，统计方法的应用极为广泛。例如，回归分析、方差分析、协整检验等方法被用于分析经济变量之间的关系和趋势；而时间序列分析、面板数据分析等方法则被用于研究经济数据的动态特征和异质性。

（四）数学思想对经济学方法论的影响

数学思想不仅为经济学提供了分析工具和建模方法，还深刻影响了经济学方法论的发展。数学思维的严谨性和精确性推动了经济学研究向科学化、规范化方向迈进。

数学思维的严谨性要求经济学研究在逻辑推理上必须严密无误。这种要求促使经济学家在构建理论模型和分析经济现象时更加注重逻辑的一致性和连贯性，从而提高了经济学研究的科学性和可信度。数学模型往往需要基于一定的假设条件才能成立。这种要求促使经济学家在构建理论模型时更加注重假设条件的明确性和合理性，从而避免了理论上的模糊性和歧义性。

数学方法在实证研究中的应用推动了经济学实证研究的规范化发展。通过严格的参数估计和假设检验等统计方法，经济学家能够更加客观地评估理论模型的适用性和有效性，从而提高实证研究的科学性和可靠性。

三、数学思想在工程学中的应用分析

工程学作为一门应用科学，旨在将理论知识应用于解决实际问题，而数学作为科学的语言，为工程学提供了精确、严谨的分析和设计工具。数学思想在工程学中的应用广泛而深入，从基础理论的构建到复杂系统的设计，无不体现着数学的力量。

（一）控制理论中的数学思想

控制理论是工程学的重要分支，它研究如何设计系统以达到预期的性能指标。数学思想为控制系统的建模、分析和设计提供了强有力的支持。

动态系统是随时间变化的系统，其特性需要通过数学模型来描述。在控制理论中，微分方程和传递函数等数学工具被广泛应用于动态系统的建模。例如，飞机的自动驾驶控制系统依赖于对飞机动力学的数学建模，将飞机的行为转化为数学方程，从而实现对飞行轨迹的精确控制。控制器是控制系统的核心部分，其设计依赖于数学方法。线性代数和矩阵理论等数学工具被用于设计状态空间控制器，以实现系统的稳定性和性能优化。例如，在自动驾驶汽车的设计中，工程师通过数学方法设计先进的控制算法，确保车辆在复杂道路环境中的安全行驶。

（二）信号处理中的数学思想

信号处理是工程学中的一个重要领域，它涉及对各种类型信号的分析和处理，以提取有用信息。数学思想在信号处理中同样发挥着关键作用。

信号的时域和频域特性是信号处理的基础。傅里叶变换和小波变换等数学工具被广泛用于信号的时域和频域分析。例如，在音频信号处理中，工程师利用傅里叶变换将音频信号从时域转换到频域，分析信号的频率成分，进而实现噪声抑制、回声消除等处理。图像处理是信号处理在视觉领域的应用。数学方法被广泛应用于数字图像的压缩、增强和融合等处理中。例如，在图像压缩中，工程师利用小波变换将图像分解为不同频率的子带，通过数学优化方法选择合适的压缩算法，实现图像的高效压缩。此外，基于小波变换的图像融合技术也是当前研究的热点之一，它通过将不同方法获取的图像数据进行空间配准和融合处理，生成新的图像以提高信息分析和提取能力。

（三）工程优化中的数学思想

工程优化是寻找最优设计方案、资源分配等问题的过程。数学思想在工程优化中的应用为工程师提供了寻找最佳解决方案的有效手段。

线性规划、非线性规划和整数规划等数学优化方法被广泛应用于工程领域。这些方法通过构建优化模型、选择合适的优化算法来求解最优解。例如，在桥梁结构设计中，工程师可以利用数学优化方法寻找最佳的桥梁跨度和截面尺寸，以实现结构的轻量化设计和经济效益的最大化。

在实际工程问题中，往往需要考虑多个性能指标之间的权衡和优化。数学方法如多目标优化算法被用于处理这类问题。通过构建多目标优化模型并利用数学算法求解帕累托最优解集，工程师可以在多个性能指标之间进行权衡和优化以找到最满意的解决方案。

（四）数学建模在解决实际问题中的价值

数学建模是工程学中将实际问题抽象为数学问题并求解的过程。它是数学思想在工程学中应用的重要体现之一。

工程师在解决实际问题时首先需要将问题抽象为数学模型以便更好地理解和分析。通过数学建模过程可以将复杂的工程问题简化为可求解的数学问题从而降低问题求解的难度。

通过数学建模和计算工程师可以预测和解释物理现象为工程设计提供科学依据。例如，在水利工程设计中工程师可以通过建立水流数学模型来预测水流的速度和压力分布，从而为设计合理的堤防和泄洪设施提供依据。在工程设计中涉及大量数据和方案的选择，数学提供了数据处理和分析的方法（如统计分析、数据挖掘等）帮助工程师进行方案优化和决策支持。例如，在企业资源规划（ERP）系统中利用数学优化方法可以帮助企业实现资源的合理配置和成本的有效控制。

四、数学思想在其他领域的应用拓展

数学思想的影响不仅局限于数学本身，更在诸多领域中展现出广泛的应用价值。从物理学到经济学，从计算机科学到生物学，数学思想为各领域提供了独特的视角和有力的工具。

（一）物理学中的数学思想

数学思想在物理学中的应用，不仅推动了物理学理论的发展，还为实验设计和数据分析提供了强有力的支持。

在物理学中，数学模型是理论构建的核心。例如，牛顿的运动定律通过微积分方程描述了物体的运动规律，而麦克斯韦方程组则揭示了电磁场的本质。这些数学模型不仅具有深刻的物理意义，还为物理学实验提供了理论指导。在物理学实验中，数学统计方法被广泛应用于数据处理和误差分析。通过概率论和数理统计，物理学家能够对实验结果进行量化评估，从而验证或修正理论模型。

随着计算机技术的发展，计算物理成为物理学研究的重要分支。数学思想中的有限元方法、谱方法等数值计算方法被广泛应用于复杂物理问题的求解。

（二）经济学中的数学思想

数学思想为经济学提供了严谨的分析工具和建模方法。

经济学家利用数学模型来描述和分析经济现象。例如，供需模型通过数学方程揭示了市场上产品或服务的价格和数量之间的关系。在数学思想的指导下，经济学家发展了一系列优化理论，如线性规划、动态规划等。这些理论被广泛应用于资源分配、生产计划等经济问题的求解。

（三）计算机科学中的数学思想

计算机科学作为现代科技的代表，其发展与数学思想紧密相连。数学思想为计算机科学提供了算法设计、数据结构优化等方面的支持。

算法是计算机科学的核心。数学思想中的分治策略、动态规划等数学方法应用于算法设计中。这些数学方法提高了算法效率，还为解决复杂问题提供了思路。

数据结构是计算机科学的基础。数学思想中的图论、组合数学等被广泛应用于数据结构的设计和优化中。这些数学方法不仅提高了数据结构的存储效率，还为数据处理提供了更多可能性。

机器学习是计算机科学的前沿领域。机器学习算法中的支持向量机、神经网络等算法都依赖于数学原理。通过数学方法，机器学习算法能够实现数据的分类、聚类、回归等任务，为人工智能的发展提供了有力支持。

（四）生物学中的数学思想

数学思想在生物学中的应用，为生命科学的研究提供了新的视角和工具。

生态学家利用数学模型来描述和分析生态系统的动态变化。例如，种群增长模型通过数学方程揭示了种群数量的变化规律。而食物链模型则通过数学方法研究了生态系统中物种之间的相互作用关系。遗传学作为生物学的重要分支，与数学有着紧密的联系。数学思想中的概率论被广泛应用于基因频率的计算和遗传规律的推导中。生物信息学是生物学与计算机科学的交叉学科。生物信息学中的序列比对、基因表达分析等生物信息学问题都需要借助数学方法进行求解。

（五）跨学科研究中的数学思想

数学思想在跨学科研究中的应用不仅能够将不同领域的知识和方法相互融合，还能够为解决复杂问题提供新的思路和工具。

系统科学是研究复杂系统的学科。系统科学中的系统动力学、网络科学等都依赖于数学方法进行建模和分析。复杂网络是研究复杂系统中节点和边之间关系的学科。数学思想图论、概率论等被广泛应用于复杂网络的建模和分析中。

数据科学是研究数据获取、处理、分析和应用的学科。数据科学中的统计学、机器学习等都依赖于数学方法进行数据处理和分析。

第二章　抽象与概括

第一节　抽象思维在高等数学中的作用

一、抽象思维在高等数学理论构建中的核心地位

高等数学作为数学学科的高级阶段，不仅深化了初等数学的基本概念和方法，更引入了更为抽象、复杂的理论和结构。这一过程离不开抽象思维的支撑与引导，它不仅是高等数学理论构建的基础，也是推动数学科学不断向前发展的动力源泉。

（一）抽象思维的定义与特性

抽象思维是指人们在认识活动中，运用推理、演绎、归纳、概括等方法，对客观事物的本质属性进行提炼和概括，从而形成概念、定理、公式等理性认识的过程。与形象思维不同，抽象思维不依赖于具体事物的表象，而是以概念、符号等为媒介，进行逻辑严密的推理和判断。这种思维方式具有高度的概括性、系统性和逻辑性，是高等数学理论构建不可或缺的工具。

（二）高等数学理论构建的抽象性

高等数学理论体系的构建，本质上是一个从具体到抽象、再从抽象到具体的螺旋上升过程。

高等数学中的许多基本概念和定理都是高度抽象的产物。例如，极限、导数、积分、级数等概念，都是对现实世界中复杂变化过程的抽象概括。这些概念不仅去除了具体事物的非本质属性，保留了其最本质的数学特征，还通过严格的逻辑推理和证明，形成了系统的数学理论。高等数学中的符号和公式是抽象思维的直接体现。它们以简洁、精确的形式表达了复杂的数学关系和规律。例如，微积分中的莱布尼茨公式、泰勒公式等，都是利用符号和公式对函数变化规律的抽象描

述。这些公式不仅简化了计算过程，还促进了数学理论的深入研究和广泛应用。

高等数学理论的逻辑结构是抽象思维的又一重要体现。它要求每一个概念、定理和公式都必须经过严格的逻辑推理和证明才能成立。这种严密的逻辑结构不仅保证了数学理论的正确性和可靠性，还为后续的数学研究和应用提供了坚实的基础。

（三）抽象思维在高等数学理论构建中的具体作用

抽象思维能够超越具体事物的表象，深入到事物的本质和内在联系中去。这种能力使得数学家能够发现新的数学现象和规律，从而推动数学理论的创新和发展。例如，微积分学的创立就是抽象思维在数学领域的一次伟大胜利。它通过对运动、变化等具体过程的抽象概括，形成了系统的极限理论和导数、积分等概念体系，为现代科学技术的发展提供了强大的数学工具。

高等数学中的许多问题都涉及复杂的数学关系和规律。这些问题往往难以通过直观感知和形象思维来解决。而抽象思维则能够通过逻辑推理和符号运算等手段，将复杂问题转化为简单的数学形式进行求解。例如，在解决微分方程、偏微分方程等复杂问题时，数学家常常需要运用抽象思维来构建数学模型、推导解析解或数值解等。高等数学的学习过程也是抽象思维能力的培养过程。通过高等数学的学习，学生可以逐渐掌握抽象思维的方法和技巧，提高逻辑思维和推理判断能力。这种数学素养不仅有助于学生在数学领域取得更好的成绩和发展前景，还能够为他们在其他领域的学习和工作中提供有力的支持。

二、抽象思维对高等数学问题解决能力的提升

面对复杂多变的数学问题，抽象思维能够帮助我们洞察问题的本质，提炼关键信息，进而找到有效的解决策略。

（一）高等数学问题解决能力的构成

高等数学问题解决能力是一个综合性的能力体系，它包括问题识别、信息提取、策略选择、推理判断等多个方面。具体来说：

问题识别：能够准确识别数学问题的类型和特征，明确问题的求解目标和约束条件。

信息提取：能够从问题中提炼出关键信息，包括已知条件、未知量和求解关系等。

策略选择：能够根据问题的类型和特征选择合适的解题策略和方法。

推理判断：能够运用逻辑推理和数学运算进行解题步骤的推导和验证。

（二）抽象思维在提升高等数学问题解决能力中的作用

抽象思维能够帮助我们深入理解数学问题的本质和内在联系。通过撇开具体实例的非本质属性，我们能够更加清晰地看到问题的数学结构和求解关键从而更准确地识别问题类型，提取关键信息。抽象思维使我们能够从更广阔的视角审视数学问题。它帮助我们跳出具体实例的局限，发现更一般、更普遍的解题规律和方法。这种优化解题策略的能力使我们在面对复杂多变的数学问题时更加游刃有余。

抽象思维强调逻辑推理的严密性。在解题过程中，它要求每一个步骤都必须有充分的理由和依据。这种严密的逻辑推理不仅保证了解题的正确性，还培养了我们的逻辑思维能力和推理判断能力。高等数学中的许多问题都涉及复杂的符号运算。抽象思维使我们能够灵活运用数学符号进行推理和计算。它帮助我们掌握符号运算的规则和技巧，提高符号运算能力和效率。

（三）抽象思维在高等数学问题解决中的具体应用

极限问题是高等数学中的一类重要问题。通过抽象思维，可以将具体的极限问题转化为一般的极限形式，进而运用极限运算法则进行求解。这种转化和运算过程充分体现了抽象思维在极限问题中的应用价值。

微分方程是描述自然界和工程技术中许多现象的重要数学工具。通过抽象思维，可以将具体的微分方程问题转化为一般的微分方程形式，进而运用微分方程的求解方法进行求解。这种转化和求解过程展示了抽象思维在微分方程问题中的应用能力。

概率统计是处理随机现象和数据的重要数学工具。通过抽象思维，可以将具体的概率统计问题转化为一般的概率模型或统计模型，进而运用概率论或数理统计的方法进行求解。这种模型化和求解过程凸显了抽象思维在概率统计问题中的应用优势。

（四）培养抽象思维以提升高等数学问题解决能力的策略

数学概念是抽象思维的基石。在教学过程中，应注重数学概念的教学和讲解，帮助学生深入理解数学概念的本质和内涵。逻辑推理是抽象思维的重要组成部分。

在教学过程中，应注重逻辑推理的训练和强化，帮助学生掌握逻辑推理的方法和技巧。

自主探索和实践是培养抽象思维的有效途径。在教学过程中，应鼓励学生积极参与数学问题的探索和解决过程，培养他们的自主探索能力和实践能力。现代信息技术为抽象思维的培养提供了新的手段和方法。在教学过程中，可以利用多媒体课件、数学软件等现代信息技术手段辅助教学，帮助学生更好地理解和掌握抽象思维的方法和技巧。

三、抽象思维在高等数学与其他学科交叉融合中的作用

在当今这个知识爆炸的时代，不同学科之间的交叉融合已成为推动科学进步和技术创新的重要动力。高等数学作为自然科学和社会科学的基础工具，其抽象性、逻辑性和精确性为其他学科提供了强大的理论支持和方法论指导。而抽象思维，作为高等数学的核心思维方式，在这一过程中发挥着至关重要的作用。

（一）高等数学与其他学科的交叉融合趋势

随着科学技术的飞速发展，学科之间的界限越来越模糊，交叉融合成为不可逆转的趋势。高等数学作为自然科学和社会科学的基础语言，其理论和方法被广泛应用于物理学、化学、生物学、经济学、金融学、计算机科学等众多领域。这些学科在发展过程中，不断吸收高等数学的精华，同时也将自身的独特视角和问题引入高等数学的研究范畴，促进了高等数学的丰富和发展。

（二）抽象思维在交叉融合中的桥梁作用

抽象思维在高等数学与其他学科的交叉融合中发挥着桥梁作用。它能够将不同学科的问题抽象为数学语言进行描述和分析，进而运用高等数学的理论和方法进行求解。这种跨学科的抽象过程不仅促进了数学理论的创新和发展，也为其他学科提供了新的研究视角和解决方案。例如，在物理学中，量子力学、相对论等理论的建立离不开高等数学的抽象思维；在经济学中，博弈论、计量经济学等分支的发展也离不开数学模型的构建和分析。

抽象思维有助于深化对交叉学科问题的理解。例如，在生物学中，通过建立种群动态模型可以深入理解生物种群的生长、繁殖和演化规律；在金融学中，通过建立资产定价模型可以揭示金融市场的运行机制和风险特征。抽象思维在交叉融合中还推动了方法创新。高等数学中的许多方法如微积分、线性代数、概率统

计等都具有广泛的应用价值。通过将这些方法与其他学科的具体问题相结合，可以创造出新的研究方法和工具。例如，在计算机科学中，算法设计与分析、数据挖掘等领域广泛运用了高等数学中的优化理论、概率统计等方法；在工程学中，控制理论、信号处理等领域也离不开数学模型的构建和分析。

（三）抽象思维在交叉融合中的挑战与对策

尽管抽象思维在高等数学与其他学科的交叉融合中发挥着重要作用，但这一过程也面临着诸多挑战。一方面，不同学科之间的语言体系、思维方式和方法论存在差异，需要进行有效的沟通和融合；另一方面，高等数学的理论和方法本身也具有高度的抽象性和复杂性，需要具备一定的数学素养才能理解和运用。

为了应对这些挑战并充分发挥抽象思维在交叉融合中的作用，可以采取以下对策：

通过加强跨学科教育培养学生的综合素质和创新能力。在课程设置上应注重高等数学与其他学科的交叉融合，引入跨学科的教学内容和案例分析；在教学方式上应采用多样化的教学手段和方法激发学生的学习兴趣和积极性。教师是推动学科交叉融合的关键力量。因此应加强对教师的培训和引导提升他们的跨学科素养和教学能力。鼓励教师参与跨学科的研究项目和教学合作以拓宽他们的学术视野和教学思路。

科研合作是推动学科交叉融合的重要途径。通过加强不同学科之间的科研合作可以促进学术交流和思想碰撞进而产生新的研究成果和创新点。在科研合作中应注重发挥各自学科的优势和特长形成互补效应和协同效应。技术创新是推动学科交叉融合的重要动力。通过推动技术创新可以开发出新的研究工具和方法为学科交叉融合提供有力的技术支持。例如可以利用大数据、人工智能等现代技术手段对跨学科数据进行挖掘和分析以揭示其内在规律和关联关系。

四、抽象思维对学生数学素养和创新能力的影响

（一）数学素养的内涵与构成

数学素养是指个体在数学学习和应用过程中所形成的数学知识、技能、思维方式和价值观念的综合体现。它包括数学基础知识、数学思维能力、数学应用能力等多个方面。其中，数学思维能力是数学素养的核心，而抽象思维又是数学思维能力的关键组成部分。

（二）抽象思维对数学素养的影响

抽象思维有助于学生深入理解数学概念、定理和公式等基础知识。通过抽象思维，学生能够将具体的数学实例抽象为一般的数学对象，进而揭示其内在规律和本质特征。这种抽象化的过程不仅简化了问题的复杂度，还使学生能够更加清晰地看到数学知识的核心和关键所在。通过培养抽象思维，学生可以提升逻辑推理、归纳演绎、分类比较等数学思维能力。这些思维能力的提升有助于学生更好地理解和解决数学问题，提高数学学习的效率和效果。

抽象思维还有助于增强学生的数学应用能力。在现实生活中，许多问题都需要运用数学知识进行解决。通过抽象思维，学生可以将具体问题抽象为数学模型，进而运用数学知识进行求解。这种应用能力的提升使学生能够更好地将数学知识应用于实际生活中，解决实际问题。

（三）抽象思维对创新能力的影响

抽象思维能够激发学生的创新潜能。通过培养抽象思维，学生可以更加灵活地运用数学知识进行思考和探索，发现新的数学规律和现象。这种探索过程不仅有助于培养学生的好奇心和求知欲，还能够激发学生的创新潜能，使其在数学领域和其他领域都能够进行创新性的思考和实践。

抽象思维还有助于培养学生的创新思维模式。创新思维模式是指个体在思考和解决问题时所采用的一种新颖、独特的思维方式。通过抽象思维，学生可以学会从多个角度和层面去思考和解决问题，形成多元化的思维模式。这种思维模式不仅有助于学生在数学学习中进行创新性的思考和实践，还能够对其在其他领域的学习和工作产生积极的影响。

抽象思维还能够提升学生的创新实践能力。通过抽象思维，学生可以将具体的数学问题抽象为一般的数学模型或原理，进而进行创新性的实践和应用。这种实践过程不仅能够培养学生的动手能力和实践能力，还能够使其在实践中不断发现和解决问题，提升创新实践能力。

第二节　数学概念的抽象过程

一、数学概念抽象的历史背景与动因分析

数学的发展历程充满了对概念的不断抽象与深化。从最初的简单计数到现代复杂的数学理论体系，数学概念抽象的过程不仅推动了数学自身的进步，也深刻地影响了人类认知世界的方式。

（一）数学概念抽象的历史背景

数学概念的抽象始于人类文明的早期阶段。在狩猎采集时代，人们为了记录捕获的猎物数量，逐渐形成了"一"和"多"的概念。随着生产活动的复杂化，人们开始用结绳、刻痕等方式来记录更多的数量，数的概念逐渐丰富起来。同时，在农业生产和建筑活动中，人们逐渐认识到空间形状和大小的重要性，几何概念也随之萌芽。

进入文明社会后，数学得到了更为系统的发展。古埃及人、巴比伦人和中国人等古代文明都在数学领域取得了显著的成就。古埃及人在几何方面有着突出的贡献，他们研究了面积和体积的计算方法，为后来的几何学奠定了基础。巴比伦人则擅长代数运算，他们发明了六十进制计数法，并解决了许多一次和二次方程问题。中国人则在算术和代数方面有着独特的贡献，如《九章算术》等著作记录了丰富的数学知识和解题方法。古希腊数学家们不仅继承了前人的成果，还进行了大量的创新和抽象化工作。欧几里得的《几何原本》是几何学抽象化的典范之作，它通过严格的公理化体系建立了平面几何的基础。此外，毕达哥拉斯学派提出了"万物皆数"的观点，将数学抽象化推向了一个新的高度。

（二）数学概念抽象的动因分析

现实需求是推动数学概念抽象化的重要动因之一。在古代社会，农业、手工业和商业的发展对数学提出了越来越高的要求。例如，丈量土地、计算税收、分配物资等都需要精确的数学计算。这些现实需求促使人们不断探索和抽象化数学概念，以满足生产和生活的需要。

科学探索也是推动数学概念抽象化的重要力量。随着人类对自然界认识的不

断深入，科学家们发现许多自然现象和规律都可以用数学语言来描述和解释。例如，天文学中的行星运动、物理学中的力学原理等都可以通过数学方程来精确描述。这种科学探索的需求促使数学家们不断抽象化数学概念和方法，以更好地服务于科学研究。

数学内部的逻辑要求也是推动数学概念抽象化的重要动因之一。数学作为一门严谨的学科，其理论体系具有高度的内在一致性和逻辑性。为了构建更加完善和严密的数学体系，数学家们需要不断抽象化数学概念和方法，以消除矛盾和模糊性。例如，集合论、范畴论等现代数学分支的出现就是数学内部逻辑要求推动的结果。

教育与传承的需要也是推动数学概念抽象化的重要因素之一。随着人类文明的不断发展，数学知识的传承和普及变得越来越重要。为了方便知识的传递和教学活动的开展,数学家们需要将复杂的数学概念和方法抽象化为简洁明了的形式。这种抽象化的过程不仅有助于知识的保存和传承，还有助于提高学生的学习效率和兴趣。

（三）数学概念抽象化的过程与特点

数学概念抽象化的过程往往是从具体到抽象的过程。数学家们通过观察和分析现实世界中的具体现象和问题，逐步提炼出其中的数学本质和规律，并将其抽象化为一般性的数学概念和方法。这种抽象化的过程不仅有助于揭示事物的内在本质和联系，还有助于形成更加完善和严密的数学体系。

数学概念抽象化的过程具有层层递进与深化的特点。随着人类对自然界认识的不断深入和数学内部逻辑要求的不断提高，数学家们需要不断对已有的数学概念和方法进行深化和拓展。这种深化和拓展的过程往往伴随着新的数学概念和方法的出现以及原有概念和方法的进一步完善和精确化。随着科学技术的不断发展和社会需求的不断变化，数学与其他学科之间的交叉融合变得越来越紧密。这种跨学科的融合与渗透不仅为数学概念的抽象化提供了新的动力和方向，还促进了数学与其他学科的共同发展和进步。例如，计算机科学、物理学、经济学等领域的发展都离不开数学的支持和推动；同时这些领域的发展也为数学提供了新的研究对象和问题来源。

二、数学概念从具体到抽象的演化路径

从远古时期简单的计数到如今高度抽象的数学理论，数学概念的演化路径展现了人类思维的深邃与广阔。

（一）原始计数与直观几何：数学概念的萌芽

数学概念的起点可以追溯到远古时期的原始计数。人类在生产生活中，为了记录猎物的数量、分配食物等需求，逐渐形成了“一”和“多”的概念。最初，人们可能通过手指、脚趾或结绳等方式进行简单的计数。随着生产活动的复杂化，数的概念逐渐丰富，人们开始使用符号或标记来代表数量，如刻痕在骨头上或石壁上的计数方式。

与此同时，几何概念也在直观感知中萌芽。人类在生产活动中，如建造房屋、制作工具等，逐渐认识到空间形状和大小的重要性。早期的几何概念主要来源于对自然界和人造物品形状的观察与模仿，如月亮的圆形、湖泊的水平面、树木的笔直等。这些直观感受为几何学的形成奠定了基础。

（二）算术与几何的初步抽象：数学体系的建立

随着生产活动的进一步发展，算术概念逐渐从具体实物中抽象出来。人们开始使用抽象的数字进行计算，而不再局限于具体的物体数量。例如，人们学会了用数字表示物品的总数，并用加法、减法等运算来解决实际问题。算术概念的抽象化不仅简化了计算过程，还提高了计算的准确性和效率。

几何概念的抽象化则经历了从直观感知到理性思考的转变。古希腊数学家欧几里得在其著作《几何原本》中，通过严格的公理化体系建立了平面几何的基础。他舍弃了现实物体的具体性质（如颜色、质地等），只关注其空间形式和大小的关系。这种抽象化的过程使得几何学成为一门独立的学科，为后来的数学发展奠定了基础。

（三）代数与解析几何：数学抽象的深化与拓展

代数概念的抽象化主要体现在对数和符号的运用上。人们不再局限于具体的数字运算，而是开始使用字母或符号代表未知数，并通过代数方程来描述和解决实际问题。这种抽象化的过程不仅拓展了数学的应用范围，还提高了数学解决问题的能力。例如，代数方程可以描述物体的运动规律、经济现象的变化趋势等。

解析几何是代数与几何相结合的产物，它标志着数学抽象化的进一步深化与拓展。解析几何通过引入坐标系和函数概念，将几何问题转化为代数问题来解决。这种转化不仅简化了几何问题的求解过程，还揭示了代数与几何之间的内在联系。解析几何的诞生为微积分等现代数学分支的发展奠定了基础。

（四）现代数学的抽象化：高度抽象与广泛应用

随着科学技术的不断发展和社会需求的不断变化，现代数学分支不断涌现并呈现出高度抽象化的特点。例如，复数、微分几何、泛函分析、模型论等数学分支的出现都标志着数学抽象化的新高度。这些分支不仅在数学内部形成了独立的理论体系，还在物理学、工程学、经济学等领域得到了广泛应用。

（五）数学概念抽象化的意义

数学概念抽象化的意义在于它推动了人类认知世界的方式和方法的变革。通过抽象化过程人们能够超越具体实物的束缚深入到事物的本质和内在联系中去从而更加深刻地认识世界。同时数学概念抽象化也为科学技术的进步和社会生产的发展提供了有力的数学支撑和保障。它使得人们能够运用数学方法和工具来解决复杂的实际问题推动人类文明的进步和发展。

三、数学概念抽象过程中的关键节点与难点突破

数学概念的抽象化是数学学科发展的核心动力，它推动着数学理论不断向前发展，同时也对人类认知世界的方式产生了深远影响。这一过程并非一帆风顺，其中充满了关键节点与难点挑战。

（一）数学概念抽象的关键节点

数学概念抽象化的起点往往源于直观感知。人们在生产生活中遇到的具体问题，如计数、测量、形状识别等，促使人们开始思考并抽象出数学概念。这一阶段的抽象是初步的，主要依赖于直观经验和感性认识。例如，在几何学中，点、线、面等基本概念最初都是基于直观感知而抽象出来的。随着数学的发展，人们开始使用符号和形式化的语言来表示数学概念。这一过程标志着数学概念抽象化的重要飞跃。符号化不仅简化了数学表达，还提高了数学推理的准确性和效率。例如，代数中的字母表示未知数、函数符号表示变量之间的关系等，都是符号化在数学概念抽象化中的具体体现。

公理化方法是数学概念抽象化的又一关键节点。通过设定一系列不证自明的公理作为出发点，数学家们能够推导出整个数学体系。这一过程强调逻辑严密性和内在一致性，使得数学成为一门具有高度确定性的学科。现代数学中的许多分支如抽象代数、泛函分析等，都体现了数学概念的极度抽象和普遍化。这些分支不仅拓展了数学的研究领域，还为其他科学领域提供了强大的数学工具。

（二）数学概念抽象过程中的难点突破

在数学概念抽象化的过程中，如何平衡直观与抽象是一个难点。过于直观可能导致数学概念缺乏普遍性和严谨性；而过于抽象则可能使学生难以理解和接受。因此，教师需要在教学过程中巧妙运用直观教具和生动实例帮助学生建立直观感知，并逐步引导学生向抽象思维过渡。符号化是数学概念抽象化的重要手段之一，但符号的理解和应用往往成为学生学习的难点。一方面，学生需要掌握大量的数学符号和公式；另一方面，他们还需要理解这些符号背后的数学意义和逻辑关系。因此，教师在教学过程中应注重符号教学的系统性和层次性，通过实例演示和练习巩固帮助学生逐步掌握符号的理解和应用能力。

数学是一门强调逻辑推理的学科。在数学概念抽象化的过程中，逻辑推理能力的培养至关重要。然而，逻辑推理能力的培养并非一蹴而就，它需要长期的积累和训练。因此，教师在教学过程中应注重培养学生的逻辑思维习惯和方法论意识，通过设计合理的数学问题引导学生进行推理和分析训练。抽象思维能力是数学概念抽象化的核心要求之一。然而，抽象思维能力的提升并非易事，它需要学生在掌握具体数学概念的基础上逐步培养和发展。因此教师在教学过程中应注重启发式教学和探究式学习引导学生主动思考和探索数学问题的本质和内在联系从而逐步提升他们的抽象思维能力。

四、数学概念抽象在现代数学发展中的意义

数学概念抽象不仅推动了数学理论的深化与拓展，还促进了科学技术的进步和人类认知的提升。在深入探讨数学概念抽象在现代数学发展中的意义时，我们需要从多个维度来审视其深远影响。

（一）数学概念抽象与现代数学理论的深化

现代数学的发展，首先体现在对数学研究对象的抽象化上。从最初的自然数、有理数到实数、复数，再到更为抽象的向量、矩阵、群、环、域等，数学概念不

断向更高层次的抽象化发展。这种抽象化不仅拓展了数学的研究领域，还使得数学能够更深入地揭示自然界和社会现象的本质规律。

除了数学对象的抽象化外，现代数学还致力于对数学结构的抽象化研究。例如，拓扑学研究空间的结构与性质，不依赖于空间的具体度量；抽象代数则研究代数结构的性质与分类，如群、环、域等。这些抽象结构的引入，极大地丰富了数学的内涵，使得数学能够更灵活地应用于各个领域。

随着数学对象的抽象化和数学结构的复杂化，数学方法也经历了从具体到抽象的演变。公理化方法、形式化证明、范畴论等现代数学方法的出现，使得数学推理更加严谨、精确和普适。这些方法的抽象化不仅推动了数学理论的深化，还为其他科学领域提供了强有力的数学工具。

（二）数学概念抽象与科学技术的进步

数学概念抽象在自然科学中的应用尤为广泛。物理学、化学、生物学等自然科学领域都依赖于数学模型来描述和解释自然现象。例如，牛顿运动定律、麦克斯韦方程组等物理定律都是通过数学抽象而得到的数学模型，它们为自然科学的发展提供了坚实的理论基础。此外，现代数学中的偏微分方程、随机过程等理论也被广泛应用于自然科学的研究中。

工程技术领域同样离不开数学概念的抽象。从简单的几何计算到复杂的控制系统设计，数学方法始终贯穿于工程技术的各个环节。例如，在航空航天领域，数学模型被用于模拟飞行器的轨迹和姿态控制；在通信领域，数学方法被用于信号处理和编码解码等关键环节。这些应用不仅提高了工程技术的精度和效率，还推动了相关领域的创新发展。

数学概念抽象不仅为科学技术提供了有力的数学工具，还深刻影响了科学方法的形成和发展。数学思维强调逻辑严密性、抽象概括性和推理演绎性等特点，这些特点在科学方法中得到了充分体现。例如，在科学研究过程中，科学家们往往需要通过抽象化思维来提炼问题的本质特征并建立数学模型；在验证假设时则需要运用逻辑推理和数学证明等方法来确保结论的准确性和可靠性。

（三）数学概念抽象与人类认知的提升

数学概念抽象过程本身就是一种逻辑思维训练。通过抽象化思维人们能够学会从具体事物中提炼出共性特征并构建抽象概念；通过逻辑推理人们能够推导出新的数学定理和结论。这种训练不仅有助于提高学生的逻辑思维能力，还有助于培养他们的创新思维和批判性思维能力。

数学概念抽象揭示了自然界和社会现象背后的数学规律和本质特征，使得人们能够更深入地认识和理解这些现象。例如通过数学模型人们可以预测天气变化、分析经济趋势、评估生态环境质量等；通过数学抽象人们还可以发现自然界中的对称美、和谐美等美学特征，从而丰富人类的文化内涵和精神世界。

随着科学技术的不断进步和社会问题的日益复杂化，跨学科研究已经成为一种趋势。数学概念抽象作为一种通用的语言和方法论工具为跨学科研究提供了有力支持。例如在数学与物理学的交叉领域诞生了量子力学等重要理论；在数学与生物学的交叉领域则出现了生物信息学等新兴学科。这些跨学科研究的发展不仅推动了相关领域的创新发展还促进了人类认知的全面提升。

第三节　概括在高等数学中的应用

一、概括在高等数学理论体系构建中的作用

在高等数学理论体系的构建过程中，概括作为一种重要的思维方法和认知工具，不仅帮助数学家们从纷繁复杂的数学现象中提炼出共性和本质特征，还促进了数学理论的深化、拓展和系统化。

（一）提炼数学本质，构建基础概念

高等数学理论体系的构建始于对数学现象的深入观察和思考。数学家们通过对具体数学问题的研究，运用概括的方法提炼出其中的共性和本质特征，进而构建出基础性的数学概念。例如，极限、导数、积分等概念的形成，都是数学家们在对函数变化规律的深入研究中，通过概括不同函数在特定条件下的共同性质而得出的。这些基础概念不仅是高等数学理论的基石，还为后续更复杂的数学理论提供了有力的支撑。

在高等数学中，数学对象往往具有高度的抽象性和复杂性。概括在这一过程中帮助数学家们将看似杂乱无章的数学对象进行分类和泛化，从而揭示出它们之间的内在联系和本质规律。例如，集合论中的并集、交集、补集等概念，就是通过概括不同集合之间的共同运算性质而得出的；而群、环、域等代数结构的引入，

则是对不同代数系统共性的抽象概括。这些泛化与分类不仅简化了数学对象的研究过程，还为数学理论的系统化提供了可能。

（二）推动理论深化，拓展研究领域

概括在高等数学理论深化过程中发挥着重要作用。数学家们通过对现有理论的深入研究和广泛概括，能够发现其中的不足之处并提出新的改进方案。例如，在微积分理论的发展过程中，数学家们通过概括不同函数导数与积分的关系性质，提出了更为严格的极限理论作为微积分的基础；而在实变函数论中，通过概括勒贝格积分与黎曼积分的共同点和差异点，建立了更为广泛和深入的积分理论。这些深化不仅丰富了高等数学的理论体系，还推动了数学在其他科学领域的应用。

概括还促进了高等数学研究领域的拓展。数学家们通过对现有理论的概括和反思，能够发现新的研究方向和问题领域。例如，在拓扑学的发展过程中，数学家们通过概括不同空间结构在连续变换下的不变性质，建立了拓扑空间的概念并研究了其上的各种拓扑性质；而在泛函分析中，通过概括无限维空间上的函数性质及其运算规律，建立了泛函空间的概念并研究了算子理论等新的领域。这些拓展不仅丰富了高等数学的内涵和外延，还为其他科学领域提供了新的数学工具和方法。

（三）促进理论系统化，构建完整体系

概括在高等数学理论系统化过程中发挥着核心作用。数学家们通过对不同数学分支和理论的概括和整合，能够建立起一个完整、有序的数学框架。这个框架不仅包括了各个数学分支的基本概念、定理和方法论原则，还揭示了它们之间的内在联系和相互支持关系。例如，在高等数学体系中，微积分、线性代数、概率论与数理统计等分支通过共同的数学语言和符号系统相互连接成一个整体；而公理化方法的应用则使得整个数学体系更加严谨和系统化。

概括还促进了高等数学内部各分支之间的融合发展。数学家们通过对不同分支理论的概括和比较能够发现它们之间的共同点和互补性，进而推动它们之间的交叉融合和相互渗透。例如，在现代数学中代数几何、微分几何等分支通过引入抽象代数和微积分的概念和方法实现了传统几何理论的现代化和深化；而概率论与随机过程等分支则通过与微分方程、控制论等理论的结合，拓展了其应用范围和研究深度。这种融合发展不仅丰富了高等数学的内涵和外延，还推动了数学与其他科学领域的交叉融合和创新发展。

（四）培养数学思维，提升研究能力

在高等数学的学习中概括能力是学生必备的数学素养之一。通过学习和运用概括方法学生能够逐渐培养起抽象概括能力，从而更好地理解和掌握高等数学中的复杂概念和理论。例如在学习微积分理论时学生需要通过概括不同函数在极限条件下的共同性质来理解和掌握导数和积分的概念及其运算法则；而在学习线性代数时则需要通过概括不同矩阵之间的共同运算性质来理解和掌握矩阵的秩、特征值等关键概念及其性质。

概括在高等数学研究中也发挥着重要作用。通过对数学问题的深入研究和广泛概括，数学家们能够发现新的研究问题和研究方向，进而推动数学理论的创新和发展。同时概括还有助于提高数学家们的研究能力，使他们能够更加准确地把握问题的本质和关键所在，从而提出更为有效和创新的解决方案。这种研究能力的提升不仅有助于推动高等数学理论的深化和拓展，还有助于促进数学与其他科学领域的交叉融合和创新发展。

二、概括在高等数学问题解决中的策略与方法

在高等数学的学习与研究中，问题解决是核心环节，它不仅考验着学生的知识储备，更挑战着他们的思维能力和解题策略。

（一）理解问题本质，明确解题方向

面对高等数学中的复杂问题，首要任务是提炼出关键信息。这包括问题的已知条件、未知量、数学关系等。概括在这一过程中帮助学生将冗长的题目描述简化为几个关键要素，从而更清晰地把握问题的本质。例如，在处理与极限、导数、积分相关的问题时，学生需要概括出函数的形式、定义域、极限过程等关键信息，为后续解题步骤奠定基础。

在提炼关键信息的基础上，学生需要进一步明确解题目标。这包括确定需要求解的未知量、预期的解题步骤和可能的结果形式等。概括在这一环节帮助学生将模糊的解题目标具体化、清晰化，从而更有针对性地开展解题工作。例如，在处理微分方程时，学生需要概括出方程的类型、阶数、系数等特征，并据此选择合适的求解方法。

（二）运用数学方法，构建解题框架

高等数学提供了丰富的数学工具和方法，如极限、导数、积分、级数、微分

方程等。在问题解决过程中，学生需要根据问题的特点选择合适的数学工具。概括在这一过程中帮助学生将问题的特征与已学的数学工具进行匹配，从而快速定位到合适的解题方法。例如，在处理与函数极值相关的问题时，学生需要概括出函数的性质（如可导性、单调性等），并据此选择导数作为求解工具。

选择合适的数学工具后，学生需要进一步构建解题框架。这包括确定解题步骤、预测可能遇到的困难以及制定相应的应对策略等。概括在这一环节帮助学生将复杂的解题过程分解为若干个简单的子问题，并逐一解决。例如，在处理积分问题时，学生可以将积分过程概括为寻找被积函数的原函数、确定积分上下限以及计算积分值等步骤。

（三）实施解题步骤，注重细节处理

在构建解题框架的基础上，学生需要精确执行解题步骤。这包括进行代数运算、求解方程、验证结果等。概括在这一环节帮助学生保持清晰的解题思路和方法论原则，避免因细节处理不当而导致的错误。例如，在处理代数运算时，学生需要概括出运算的优先级和结合律等规则，并严格按照这些规则进行运算。

在高等数学问题解决中，特殊情况和边界条件往往容易被忽视。然而，这些情况对于问题的完整性和准确性至关重要。概括在这一过程中帮助学生识别出可能存在的特殊情况和边界条件，并采取相应的处理措施。例如，在处理极限问题时，学生需要概括出函数在特殊点（如无穷远点、间断点等）处的行为特征，并据此判断极限是否存在或如何求解。

（四）反思解题过程，总结解题经验

完成解题步骤后，学生需要对解题效果进行评估。这包括检查答案的正确性、分析解题过程中存在的问题以及提出改进建议等。概括在这一环节帮助学生将解题过程中的经验和教训提炼出来形成可复用的解题策略和方法论原则。例如，在处理复杂问题时学生可以通过概括解题过程中的关键步骤和难点来总结出应对类似问题的有效策略。

解题经验的积累是提高解题能力的重要途径。在高等数学学习中学生应该注重积累解题经验并将其应用于后续的学习和研究中。概括在这一过程中帮助学生将零散的解题经验整合成系统的知识体系从而更全面地把握高等数学的内在规律和解题技巧。例如，学生可以通过概括不同类型问题的解题方法和策略来形成自己的解题模板和套路，以便在后续解题中快速应用。

（五）培养概括能力，提升解题素养

概括能力的培养离不开思维训练。在高等数学学习中学生应该注重培养自己的抽象思维能力、归纳推理能力和演绎推理能力等。这些能力的培养有助于学生更好地理解和应用概括方法在问题解决中发挥更大的作用。例如，学生可以通过多做练习题、参加数学竞赛等方式来锻炼自己的思维能力提高概括能力。

高等数学的知识体系庞大而复杂学生需要注重知识的整合和系统化。概括在这一过程中发挥着关键作用它帮助学生将零散的知识点串联起来形成完整的知识体系从而更深入地理解和应用高等数学知识。例如学生可以通过概括不同数学分支之间的联系和共同特征来构建自己的知识网络提高解题效率和准确性。

三、概括在高等数学教学中的实施途径

在高等数学教学中，概括作为一种重要的教学方法和思维工具，对于提升学生的数学素养、培养他们的抽象思维能力和问题解决能力具有不可替代的作用。

（一）明确概括的重要性，树立教学理念

首先，教育工作者需要深刻认识到概括在高等数学教学中的重要价值。概括不仅是从个别到一般的思维过程，更是数学学科抽象性和系统性的体现。在高等数学中，大量的概念和定理都是通过概括得出的，而学生掌握这些概念和定理的过程，本质上也是概括能力的培养过程。

基于概括的重要性，教育工作者应树立以概括为核心的教学理念。这意味着在教学过程中，不仅要传授知识，更要注重培养学生的概括能力。通过精心设计教学环节，引导学生主动进行概括活动，使他们在掌握数学知识的同时，提升抽象思维能力和问题解决能力。

（二）融入课程设计，构建概括性教学体系

在教学目标的制定上，应明确概括能力的培养要求。这包括通过具体的教学活动，使学生掌握概括的基本方法，提高概括的准确性和深度；同时，引导学生将概括能力应用于高等数学的学习中，提升他们的学习效果和数学素养。

在教学内容的选择上，应注重其概括性。一方面，可以从高等数学的基本概念、定理和公式入手，通过引导学生概括这些知识的共同属性和本质特征，帮助他们建立系统的知识框架；另一方面，可以选取具有典型性和代表性的数学问题，通过解决这些问题来培养学生的概括能力。在教学方法的运用上，应注重其概括

性。例如，可以采用归纳法、类比法等概括性强的教学方法，引导学生从具体实例中抽象出一般规律；同时，也可以运用案例教学法、探究式学习法等，通过实际问题的解决来培养学生的概括能力。

（三）实施概括性教学策略，促进学生主动概括

在教学过程中，可以通过创设具体的问题情境来激发学生的概括兴趣。例如，可以设计一些与现实生活紧密相关的高等数学问题，引导学生运用数学知识进行分析和解决；同时，也可以展示一些数学史上的经典案例或现代科技中的数学应用实例，让学生感受到数学的魅力和概括的价值。

在教学过程中，应注重引导学生主动发现数学知识和规律中的共同属性和本质特征。例如，在讲解函数的概念时，可以引导学生概括出不同函数之间的共同特征——对应法则和定义域；在讲解极限的概念时，可以引导学生概括出极限过程的本质——无限接近但永远不相等。通过这样的引导过程，可以促进学生概括思维的发展。在教学过程中，可以组织学生进行小组讨论或全班讨论，让他们就某个数学问题或知识点进行交流和分享。通过讨论，学生可以相互启发、相互补充，从而深化对概括的理解和应用。同时，教师也可以适时地提出一些问题或观点来引导学生进一步思考和概括。

（四）结合现代教育技术，丰富概括教学手段

现代教育技术为概括教学提供了丰富的资源和手段。例如，可以利用多媒体课件展示数学概念和定理的形成过程以及它们之间的内在联系；可以利用网络资源丰富学生的学习资源和拓展他们的视野；还可以利用虚拟实验室等仿真工具让学生亲身体验数学规律的发现和应用过程。

线上辅助教学为概括教学提供了新的途径和平台。通过搭建智慧智能教学平台或利用现有的在线教育资源库等资源平台开展线上教学活动可以让学生随时随地进行学习和概括；教师还可以利用线上教学平台的数据分析功能来及时了解学生的学习情况和反馈意见，以便调整教学策略和深化概括教学。

（五）注重评价反馈，优化概括教学效果

为了评估学生的概括能力发展情况和教学效果优化，概括教学策略需要建立一套科学、合理的概括能力评价体系。该体系应包括多个维度和指标，如概括的准确性、深度、广度以及应用性等；同时还应注重过程性评价和结果性评价相结

合，以全面反映学生的概括能力发展情况。

在教学过程中教师应积极收集学生的反馈意见，包括他们对概括教学方法的接受程度、对教学内容的理解程度以及对教学效果的满意度等。通过收集和分析这些反馈意见，教师可以及时了解学生的学习需求和困惑，以便调整教学策略和深化概括教学；同时还可以通过与学生进行交流和互动来增进师生之间的信任和理解为概括教学的顺利开展奠定良好的基础。

四、概括能力对学生数学学习和思维能力的影响

在数学学习和思维发展中，概括能力不仅是学生掌握数学知识、形成数学思维的基础，更是他们解决数学问题、进行数学创新的关键。

（一）概括能力对数学思维发展的影响

概括能力是数学思维形成和发展的基础。通过概括，学生能够将具体的数学问题抽象成一般的数学规律，进而形成数学思维。例如，在学习数列时，学生需要通过概括来发现数列的规律和性质，才能形成对数列的深入理解和应用。

数学思维的灵活性和创新性是学生解决复杂数学问题和进行数学创新的关键。概括能力能够帮助学生从不同的角度和层面来理解和应用数学知识，从而提升数学思维的灵活性和创新性。例如，在解决数学应用题时，学生需要通过概括来提炼出问题的本质和关键信息，进而灵活地运用数学知识进行求解和创新。

（二）概括能力在数学学习和思维中的具体作用

数学概念是数学学习的基础。学生需要通过概括来理解和掌握数学概念的本质和内涵。例如，在学习集合时，学生需要概括出集合的定义、性质以及集合之间的关系，才能对集合有深入的理解和应用。同时，概括能力还能够帮助学生将所学的数学概念进行归类和整合，形成系统的数学概念体系。

数学问题解决需要学生运用所学的数学知识进行分析和推理。在这个过程中，概括能力能够帮助学生快速识别问题的类型和特征，从而选择合适的解题方法和策略。例如，在解决方程问题时，学生需要概括出方程的类型、解法以及解的性质，才能准确地进行求解和验证。

数学思维的培养需要学生不断地进行数学思考和实践。在这个过程中概括能力还能够提升学生的数学思维品质，如思维的深刻性、灵活性和创新性等。例如，在学习函数与方程时，学生需要通过概括来发现函数与方程之间的联系和转化规

律，才能形成对函数与方程的深入理解和应用，并培养出深刻的数学思维。

（三）如何培养学生的概括能力

在教学过程中，教师应注重数学知识的系统性和整体性教学。通过引导学生对数学知识进行概括和总结，帮助他们形成系统的数学知识体系。同时，教师还可以运用思维导图等工具来帮助学生整理和归纳数学知识，提升他们的概括能力。

教师可以通过创设问题情境来引导学生主动进行概括活动。例如，教师可以提出一些具有启发性的问题或案例来引导学生思考并概括其中的数学规律和性质。通过这样的过程，学生可以逐渐培养出主动概括的习惯和能力。

教师应鼓励学生运用多样化的思维方式和解题方法来解决数学问题。通过引导学生尝试不同的解题方法和策略，可以帮助他们拓展思维视野和提升概括能力。同时，教师还可以组织学生进行小组讨论和交流活动来分享他们的解题思路和概括方法。

反思和总结是培养学生概括能力的重要途径。教师应引导学生对自己的学习过程进行反思和总结，帮助他们提炼出学习中的经验和教训并形成一般性的规律或方法。通过这样的过程，学生可以逐渐提升自己的概括能力和数学思维水平。

第四节　从具体到抽象的数学思维方法

一、从具体到抽象思维方法的内涵与特点解析

在人类的认知过程中，思维方法起着至关重要的作用。从具体到抽象，是人类思维发展的一个重要路径，也是理解和把握复杂世界的一种有效手段。

（一）从具体到抽象思维方法的内涵

具体思维是人类认知活动的起点。它依赖于感官的直接输入，通过观察和感知具体事物，获取事物的具体信息和细节。具体思维帮助人们形成对事物的直观印象和初步理解，为后续的思维活动提供基础素材。

抽象思维则是在具体思维的基础上，通过概括、提炼和归纳等过程，从具体事物中抽离出共性特征和本质规律。抽象思维不仅能够忽略事物的细枝末节，还能在不同层面上进行思考，形成系统性的认识和理解。抽象思维的结果是形成概

念、理论和模型，这些成果能够超越具体事物的限制，具有更广泛的适用性和解释力。

从具体到抽象的思维过程是一个逐步深入、不断升华的过程。它要求人们在观察和感知具体事物的基础上，运用分析、综合、比较等方法，提炼出事物的共性特征和本质规律。这个过程中，人们的思维活动逐渐从感性上升到理性、从具体到抽象，实现对事物更全面、更深入的理解。

（二）从具体到抽象思维方法的特点

抽象思维具有高度的概括性。它能够忽略事物的具体细节和个别差异，从众多具体事物中抽离出共性特征和本质规律。这种概括性使得抽象思维能够超越具体事物的限制，形成具有普遍意义的概念和理论。例如，在数学中，人们可以通过抽象思维将不同的数学问题归纳为共同的数学原理；在物理学中，人们可以通过抽象思维发现自然界的普遍规律。

抽象思维具有逻辑清晰的特点。它要求人们在思维过程中遵循一定的逻辑规则和方法，通过推理和判断来揭示事物的内在联系和本质规律。抽象思维的逻辑清晰性不仅保证了思维结果的准确性和可靠性，还使得思维过程本身成为一种有序、可控的认知活动。例如，在证明数学定理时，人们需要运用逻辑推理来确保每一步的推导都是正确的；在构建科学理论时，人们需要运用归纳和演绎等方法来确保理论的完整性和一致性。

抽象思维具有系统性的特点。它要求人们在思维过程中将具体事物置于更广阔的知识体系中进行考察和分析。通过抽象思维，人们可以建立起事物之间的联系和相互作用关系，形成系统性的认识和理解。这种系统性不仅有助于人们更全面地把握事物的本质和规律，还有助于人们更好地运用所学知识解决实际问题。例如，在经济学中，人们可以通过抽象思维建立起市场供求关系、价格机制等理论模型来解释经济现象；在生物学中，人们可以通过抽象思维建立起生态系统、遗传规律等理论框架来揭示生命的奥秘。

抽象思维与创造性密切相关。通过抽象思维，人们可以突破固有的思维模式和框架限制，产生新的思路和创意。抽象思维为人们提供了广阔的想象空间和创新空间使得人们能够在已有知识的基础上不断探索未知领域、创造新的理论和方法。例如，在科学研究中抽象思维帮助科学家们提出新的假设和理论模型，推动科学的发展；在艺术创作中抽象思维激发艺术家们的创造力和想象力帮助他们创造出丰富多彩的艺术作品。

抽象思维具有多层次性的特点。它能够在不同层面上进行思考和分析，从整体到部分、从局部到全局形成全面而深入的理解。抽象思维的层次性不仅有助于人们更准确地把握事物的本质和规律，还有助于人们更好地应对复杂多变的问题情境。例如，在解决复杂问题时人们可以运用抽象思维将问题分解为若干个子问题逐一解决；在制定战略规划时人们可以运用抽象思维从全局出发考虑各种因素制定出切实可行的方案。

（三）从具体到抽象思维方法的应用价值

从具体到抽象的思维方法有助于提升人们的认知能力。通过这种方法人们可以更深入地理解事物的本质和规律，建立起系统的知识体系以提高分析问题和解决问题的能力。同时这种方法还能激发人们的创造力和想象力，推动人们不断探索未知领域创造新的理论和方法。

从具体到抽象的思维方法对于学科发展具有重要意义。在科学研究中科学家们通过抽象思维提出新的假设和理论模型进行实验验证推动学科的发展；在人文社科领域学者们通过抽象思维提炼出社会现象背后的本质规律和价值观念，为社会发展提供理论支持。从具体到抽象的思维方法有助于增强人们的问题解决能力。

二、从具体到抽象思维方法在数学学习中的运用技巧

数学学习是一个从具体到抽象，再由抽象回到具体的过程。在这个过程中，学生需要掌握一定的技巧，以便更好地理解和应用数学知识。

（一）观察与感知：具体思维的起点

在数学学习中，观察与感知是具体思维的起点。学生需要通过观察数学对象（如数字、图形、公式等）来感知其特点和规律。例如，在学习几何图形时，学生需要观察不同图形的形状、大小、角度等特征，以便形成对图形的初步认识。

为了提高观察与感知的效果，学生可以采取以下技巧：

有目的地观察：在观察之前，明确观察的目的和任务，以便更加专注地感知数学对象的特点。

多角度观察：尝试从不同的角度和层面观察数学对象，以便发现其更多的特征和规律。

使用辅助工具：如直尺、量角器、计算器等，以帮助更准确地感知数学对象

的特点和规律。

（二）分析与综合：从具体到抽象的过渡

分析与综合是从具体到抽象思维过渡的重要环节。学生需要将观察到的具体数学对象进行分解和分析，找出其内在的联系和规律，然后再将这些联系和规律综合起来，形成对数学对象的整体认识。

在分析与综合的过程中，学生可以采取以下技巧：

分类与比较：将数学对象进行分类和比较，找出它们之间的共同点和不同点，以便更好地理解其本质特征。

找出关键因素：在分析数学对象时，关注其关键因素或主要特征，以便更准确地把握其本质和规律。

构建知识体系：在综合数学对象时，尝试将其纳入已有的知识体系中，以便形成更加系统和完整的认识。

（三）归纳与演绎：抽象思维的升华

归纳与演绎是抽象思维的升华阶段。学生需要通过归纳从具体数学对象中提炼出一般性的规律和原理，然后再通过演绎将这些规律和原理应用到新的数学情境中。

在归纳与演绎的过程中，学生可以采取以下技巧：

举例与归纳：通过举例来支持归纳的结论，使归纳的结果更加具有说服力和可信度。

验证与修正：在演绎过程中，不断验证结论的正确性，并根据实际情况进行修正和完善。

灵活运用：将归纳和演绎的方法灵活运用到不同的数学情境中，以便更好地理解和应用数学知识。

（四）类比与联想：抽象思维的拓展

类比与联想是抽象思维的拓展阶段。学生需要通过类比将不同的数学对象或情境进行联系和比较，以便发现它们之间的相似性和差异性。同时，学生还需要通过联想将数学知识与其他领域的知识进行联系和融合，以便拓宽自己的思维视野。

在类比与联想的过程中，学生可以采取以下技巧：

寻找相似点：在类比时，关注不同数学对象或情境之间的相似点或共同点，以便更好地进行联系和比较。

跨界联想：在联想时，尝试将数学知识与其他领域的知识进行跨界联系和融合，以便拓宽自己的思维视野和知识面。

创新与应用：通过类比和联想，发现新的数学问题和解决方法，并将其应用到实际生活中去。

（五）实践与应用：抽象思维的落地

实践与应用是抽象思维的落地阶段。学生需要将所学的数学知识应用到实际生活中去，通过实践来检验和巩固自己的数学知识。同时，学生还需要通过实践来发现和解决新的数学问题，以便不断提高自己的数学能力和素养。

在实践与应用的过程中，学生可以采取以下技巧：

实际问题导向：关注实际生活中的数学问题，尝试用所学的数学知识进行解决。

团队合作与交流：在实践过程中，与同学或老师进行合作与交流，共同解决问题并分享经验。

反思与总结：在实践后，对自己的数学知识和能力进行反思和总结，以便不断提高自己的数学素养和解决问题的能力。

第五节　抽象与概括的高等数学实例分析

一、函数概念中的抽象与概括实例分析

在数学领域中，函数不仅连接了代数、几何、微积分等多个数学分支，还是描述现实世界中变量之间依赖关系的重要工具。函数概念的形成过程，本质上是从具体到抽象、再从抽象到概括的过程。

（一）函数概念的抽象

函数的抽象过程，是从具体的数学对象或现实问题中提炼出共性和本质特征的过程。这一过程涉及对变量、对应关系、定义域、值域等关键要素的理解和把握。

在数学中，变量是表示可以变化的量的符号。在函数概念中，至少涉及两个

变量：自变量和因变量。自变量的变化会引起因变量的相应变化，这种变化关系就是函数所要描述的。例如，在描述汽车行驶距离与时间的关系时，时间（t）是自变量，行驶距离（s）是因变量。

对应关系是函数概念的核心。它指的是按照某种确定的规则，一个变量的每一个取值都能唯一确定另一个变量的取值。这种规则可以是数学公式、表格、图像等多种形式。例如，在描述正比例关系时，可以使用公式 f（x）=kx（k 为常数）来表示自变量 x 与因变量 y 之间的对应关系。

定义域是自变量的取值范围，值域是因变量的取值范围。在确定函数时，必须明确其定义域和值域。这两个概念进一步抽象了函数的适用范围和结果范围，使得函数概念更加精确和严谨。

（二）函数概念的概括

在抽象出函数概念的关键要素后，需要进一步概括这些要素之间的关系和性质，以便更深入地理解和应用函数。

函数一般表示为 f（x），其中 f 表示对应关系，x 表示自变量。这种形式简洁明了地概括了函数的核心要素：一个对应关系和一个变量。通过改变对应关系 f 或变量 x，可以得到不同的函数。

函数的性质包括单调性、周期性、奇偶性、对称性等。这些性质是对函数行为特征的概括和描述，有助于更深入地理解函数的本质和变化规律。例如，单调性描述了函数值随自变量增大（或减小）而增大（或减小）的性质；周期性描述了函数值在一定区间内重复出现的性质。

根据函数的不同性质和特点，可以将其分为多种类型，如一次函数、二次函数、指数函数、对数函数等。这种分类方法有助于更系统地学习和掌握各类函数的特点和应用。

二、极限理论中的抽象与概括实例解析

极限理论的建立和发展过程，充满了从具体到抽象、再从抽象到概括的深刻思维过程。

（一）极限理论的抽象

极限理论的抽象过程，是从具体的数学现象或实际问题中提炼出极限概念的共性和本质特征。这一过程涉及对数列极限、函数极限等基本概念的理解和把握，

以及对无穷小量、无穷大量等概念的引入和界定。

数列极限描述的是当数列的项数趋于无穷大时，数列的项值趋于某个确定常数的现象。为了抽象出数列极限的概念，需要关注数列项数的变化趋势和项值的变化规律。例如，考虑数列 $\{1/n\}$，当 n 趋于无穷大时，数列的每一项都趋于 0。这个过程中，我们抽象出了数列极限的定义：对于任意给定的正数 ε，总存在正整数 N，使得当 $n>N$ 时，数列的项值 $|an-A|<\varepsilon$，其中 A 是极限值。

与数列极限不同，函数极限涉及自变量在某一变化过程中的函数值变化趋势。为了抽象出函数极限的概念，需要关注自变量的变化方式和函数值的变化规律。例如，考虑函数 $f(x)=x^2$，当 x 趋于 0 时，函数值 $f(x)$ 也趋于 0。这个过程中，我们抽象出了函数极限的定义：对于任意给定的正数 ε，总存在正数 δ，使得当 $0<|x-a|<\delta$ 时，函数值的差 $|f(x)-A|<\varepsilon$，其中 A 是极限值，a 是自变量趋于的常数。

在极限理论中，无穷小量和无穷大量是两个重要的概念。无穷小量描述的是当自变量趋于某个值时，函数值趋于 0 的现象；而无穷大量则描述的是函数值趋于正无穷或负无穷的现象。这两个概念的引入，使得我们能够更精确地描述极限过程中的变化趋势，并为后续的数学分析提供了有力的工具。

（二）极限理论的概括

在抽象出极限理论的基本概念后，需要进一步概括这些概念之间的关系和性质，以便更深入地理解和应用极限理论。

极限理论具有唯一性、有界性、保序性、夹逼性等性质。这些性质概括了极限值的存在性、大小关系以及计算方法等方面的规律。例如，唯一性性质表明，如果数列或函数在某点的极限存在，那么该极限值是唯一的；有界性性质则表明，如果数列或函数在某点的极限存在，那么在该点的某个去心邻域内，数列或函数是有界的。

极限的运算法则是极限理论中的重要内容之一。它概括了极限值在加减乘除等运算中的变化规律。例如，对于数列或函数的极限，我们有加法运算法则、减法运算法则、乘法运算法则和除法运算法则等。这些运算法则使得我们能够更方便地计算复杂数列或函数的极限值。

极限理论具有广泛的应用领域，它不仅是数学分析的基础，还为物理学、工程学等多个领域提供了强大的分析工具。在物理学中，极限理论被用于描述物体的运动状态、力的作用效果等现象；在工程学中，极限理论被用于计算结构的稳定性、材料的强度等参数。这些应用领域的概括，展示了极限理论在解决实际问题中的强大威力和广泛应用前景。

三、微积分学中的抽象与概括思想应用

微积分学，作为数学的一个重要分支，不仅深刻影响了数学本身的发展，还广泛应用于自然科学、社会科学及工程技术的各个领域。微积分学的形成和发展，离不开抽象与概括这两种基本数学思想的应用。

（一）微积分学中的抽象

微积分学的抽象过程，是从具体的数学现象或实际问题中提炼出微积分概念的共性和本质特征。这一过程涉及对函数、极限、导数、积分等核心概念的理解和把握。

函数是微积分学研究的基本对象。在微积分学中，函数被抽象为两个变量之间的特定关系，其中一个变量（自变量）的变化会导致另一个变量（因变量）的相应变化。这种抽象不仅简化了实际问题的复杂性，还使得微积分学能够系统地研究和解决一类具有共性的问题。极限是微积分学的核心概念之一。它描述了函数或数列在某一趋势下的最终状态。在微积分学中，极限被抽象为一种动态的过程，即当自变量趋于某一特定值时，函数值或数列项值的变化趋势。这种抽象使得我们能够处理那些在实际问题中无法直接测量的量，如瞬时速度、切线斜率等。

导数和积分是微积分学的两大基本运算。导数反映了函数在某一点处的变化率，它被抽象为函数在某一点附近的局部线性近似。积分则是导数的逆运算，它描述了函数在某一区间上的累积效应。导数和积分的抽象不仅揭示了函数内部的变化规律，还为解决实际问题提供了有力的数学工具。

（二）微积分学中的概括

在抽象出微积分学的基本概念后，需要进一步概括这些概念之间的关系和性质，以便更深入地理解和应用微积分学。

微积分基本定理是微积分学中的核心定理之一，它揭示了微分与积分之间的内在联系。该定理可以概括为：一个函数在某个区间上的定积分等于该函数在该区间内某一点处的原函数值之差。这一概括不仅简化了定积分的计算过程，还揭示了微积分学中的对立统一规律。微积分学蕴含着丰富的数学思想，如极限思想、

化归思想、数形结合思想和建模思想等。这些思想方法不仅在数学内部具有广泛的应用价值，还为解决实际问题提供了有力的思维工具。例如，极限思想被用于处理那些无法直接测量的量；化归思想被用于将复杂问题转化为简单问题；数形结合思想被用于将抽象的数学问题转化为直观的图形问题；建模思想则被用于将实际问题抽象为数学问题并进行求解。

（三）微积分学中的抽象与概括思想应用实例

微积分学中的抽象与概括思想在实际问题中有着广泛的应用。

在物理学中，微积分学被广泛应用于描述物体的运动状态、力的作用效果等现象。例如，在描述物体的变速运动时，可以利用导数的概念来求解物体的瞬时速度；在求解物体在变力作用下的位移时，可以利用定积分的概念来求解物体在某一区间上的累积位移。这些应用不仅展示了微积分学在物理学中的强大威力，还体现了抽象与概括思想在解决实际问题中的重要作用。

在经济学中，微积分学被用于分析市场的供需关系、价格变动趋势等问题。例如，在求解企业的边际成本、边际收益时，可以利用导数的概念来求解这些经济量的瞬时变化率；在求解企业的总成本、总收益时，可以利用定积分的概念来求解这些经济量在某一区间上的累积效应。这些应用不仅有助于企业作出更加科学合理的决策，还展示了微积分学在经济学中的广泛应用前景。

在工程技术领域，微积分学被广泛应用于计算结构的稳定性、材料的强度等参数。例如，在求解梁的弯曲变形时，可以利用微积分学中的曲率公式来求解梁的曲率半径；在求解材料的应力分布时，可以利用微积分学中的积分公式来求解材料在某一截面上的应力分布。这些应用不仅提高了工程设计的准确性和可靠性，还展示了微积分学在工程技术领域中的重要作用。

第三章　归纳与类比

第一节　归纳法在高等数学中的应用

一、归纳法在高等数学理论发现中的作用

归纳法作为一种从特殊到一般的推理方法，在高等数学的理论发现中，它不仅帮助学生和研究者从具体实例中抽象出一般规律，还促进了新理论的诞生和数学体系的完善。

（一）归纳法的定义与特点

归纳法是一种通过观察和分析具体或特殊的情况，从而推导出一般性规律或结论的推理方法。在数学领域，归纳法尤其适用于从有限个具体实例中提炼出普遍适用的数学定理或公式。归纳法的特点在于其直观性、生动性和易于理解，这使得它在高等数学教学中成为引入新概念、探索数学规律的重要手段。

（二）归纳法在高等数学理论发现中的应用实例

数列与级数是高等数学中的重要内容，归纳法在其中有着广泛的应用。例如，在求解等差数列或等比数列的通项公式时，学生往往通过观察前几项数列的变化规律，归纳出数列的通项公式，并通过数学归纳法证明其正确性。同样，在级数收敛性的判断中，归纳法也常被用于观察级数的部分和随项数增加的变化趋势，从而推断整个级数的收敛性。

极限理论是微积分学的基础，而归纳法在其中发挥了关键作用。在引入极限概念时，教师通常会通过一系列具体的数列或函数极限例子，引导学生观察当自变量趋于某一特定值时函数值的变化趋势，从而归纳出极限的定义和性质。此外，在证明极限定理时，如洛必达法则、夹逼定理等，归纳法也常被用于构建证明过

程中的关键步骤。

微分与积分是微积分学的两大基本运算，而归纳法在理解这两者的关系和性质中发挥了重要作用。例如，在引入导数概念时，通过观察函数在某一点附近的变化率与割线斜率的近似关系，可以归纳出导数的几何意义和物理意义。同样，在积分的学习中，通过归纳法可以帮助学生理解定积分作为面积、体积或物理量的累积效应的本质。

（三）归纳法在高等数学理论发现中的优势

归纳法鼓励研究者从具体实例出发，通过观察和分析发现新的数学规律和定理。这种从特殊到一般的推理方式有助于打破传统思维的束缚，激发创新思维和想象力。历史上许多重要的数学发现都是基于归纳法的应用，如牛顿和莱布尼茨发现微积分学、欧拉发现欧拉公式等。

虽然归纳法本身是一种不完全的推理方法（因为它不能保证从有限个特殊实例中归纳出的结论一定适用于所有情况），但在高等数学中，结合演绎法（如数学归纳法）可以使归纳出的结论得到严格的证明。这种结合使得高等数学理论既具有直观性和生动性，又具有严谨性和普遍性。

在高等数学教学中，归纳法是一种有效的教学工具。通过具体实例的引入和分析，可以激发学生的学习兴趣和积极性；通过引导学生自主观察和思考，可以培养他们的逻辑思维能力和创新能力。此外，归纳法还有助于学生形成解决数学问题的有效策略和方法论基础。

（四）归纳法对数学思维和能力培养的影响

归纳法要求学生在观察和分析具体实例时找出其中的共性和规律并推导出一般性的结论。这个过程需要严密的逻辑思维和推理能力作为支撑。因此通过归纳法的训练可以帮助学生提高逻辑思维能力，使他们能够更准确地把握数学问题的本质和规律。

归纳法鼓励学生从不同的角度和层面去观察和思考问题，这有助于打破传统思维的框架发现新的数学规律和定理。因此归纳法在数学教学中具有激发创新意识和创新能力的重要作用。通过归纳法的应用学生可以学会独立思考和自主探索从而培养出具有创新精神和创新能力的人才。归纳法不仅适用于理论发现，还在解题过程中被广泛应用。通过归纳法学生可以学会从具体实例中抽象出一般规律并将这些规律应用于解决类似问题中。这种能力不仅提高了学生的解题速度和正确率还增强了他们将数学知识应用于实际问题的意识和能力。

二、归纳法在高等数学问题解决中的策略

在解决高等数学问题时，观察与分析是第一步。学生需要仔细审视问题给出的具体条件或实例，分析它们之间的关系，尝试找出其中的共性和规律。这一步骤要求学生具备敏锐的观察力和深入的分析能力。例如，在解决函数极值问题时，学生可以先观察函数的变化趋势，分析函数在极值点附近的性质，从而得出极值的必要条件。

在观察和分析的基础上，学生可以提出一个合理的归纳假设。这个假设通常是对问题一般规律的初步概括，需要进一步验证其正确性。假设的提出需要学生的创造力和想象力，而验证则需要严谨的逻辑推理。例如，在探索数列的递推关系时，学生可以根据数列的前几项提出一个递推公式，然后通过数学归纳法或其他方法进行验证。归纳法的核心在于递推。在提出归纳假设后，学生需要利用数学归纳法的递推性质进行推理和证明。这通常包括验证基础情形和利用归纳假设证明更一般情形两个步骤。通过递推，学生可以逐步推导出命题对所有情况都成立。例如，在证明某个等式对所有正整数 n 都成立时，学生可以先验证当 $n=1$ 时等式是否成立，然后假设当 $n=k$ 时等式成立，证明当 $n=k+1$ 时等式也成立。

问题解决后，反思与总结是不可或缺的步骤。学生应该回顾解题过程中的关键步骤和思路，提炼出有效的解题策略和方法。这一步骤有助于学生将解题经验转化为解题能力，提高解题效率。例如，学生可能会发现某些类型的题目具有相似的解题模式或技巧，从而将这些经验和教训应用到未来的解题过程中。

三、归纳法在高等数学教学中的实施途径

（一）教学设计与实践

在教学之初，教师可以通过生动的实例或实际问题引入归纳法的概念。例如，可以通过观察一系列具体的数列或函数图像，引导学生发现其中的规律，从而引出归纳法的应用。这一阶段旨在激发学生的学习兴趣，帮助他们建立对归纳法的感性认识，为后续的理论学习打下基础。

在学生对归纳法有了初步认识后，教师需要系统地讲解归纳法的原理和方法。

这包括归纳法的定义、分类（如完全归纳法和不完全归纳法）、适用范围以及证明步骤等。在讲解过程中，教师应注重理论与实践相结合，通过具体实例说明归纳法的应用过程，帮助学生理解并掌握归纳法的精髓。理论讲解之后，实践环节是巩固和深化理解的关键。教师可以通过设计一系列与归纳法相关的练习题或实验，让学生亲自动手操作，体验归纳法的应用过程。例如，可以让学生尝试通过归纳法证明某个数学定理或公式，或者通过观察和分析具体实例来发现数学规律。这些实践活动不仅能够帮助学生巩固所学知识，还能够培养他们的动手能力和创新思维。

在实践环节结束后，教师应引导学生进行总结和反思。这包括回顾归纳法的应用过程、提炼解题经验、分析存在的问题以及提出改进建议等。通过总结反思，学生可以更加深入地理解归纳法的本质和应用价值，同时也能够提升自己的逻辑思维、创新能力和问题解决能力。

（二）学生能力培养

归纳法要求学生具备严密的逻辑思维能力。在教学过程中，教师应注重培养学生的逻辑思维能力，引导他们学会从个别到一般的推理过程，掌握归纳法的证明步骤和技巧。通过反复练习和实践，学生可以逐渐提高自己的逻辑思维能力，学会用数学语言准确地表达思想和观点。

归纳法鼓励学生主动观察和思考新问题、新现象，从而发现新的数学规律和定理。在教学过程中，教师应注重培养学生的创新能力，激发他们的探索精神和求知欲。通过设计一些具有挑战性的问题或实验，让学生尝试用归纳法去探索和发现新的数学规律或定理，从而培养他们的创新意识和能力。归纳法在高等数学问题解决中发挥着重要作用。在教学过程中，教师应注重培养学生的问题解决能力，引导他们学会运用归纳法去解决复杂的数学问题。通过设计一些具有实际应用背景的问题或案例，让学生尝试用归纳法去分析和解决问题，从而培养他们的实际问题解决能力和应用能力。

（三）教学反思与改进

在教学过程中，教师应不断反思自己的教学效果。这包括观察学生的课堂表现、分析学生的作业和考试情况、听取学生的反馈意见等。通过反思教学效果，教师可以及时发现教学中存在的问题和不足，为后续的改进提供依据。

针对教学中存在的问题和不足，教师应积极寻求改进方法。例如，可以调整教学内容的难度和顺序、改进教学方法和手段、加强与学生的互动和交流等。通过不断改进教学方法，教师可以更好地激发学生的学习兴趣和积极性，提高教学效果和质量。每个学生都是独一无二的个体，他们在学习归纳法时可能会表现出不同的特点和困难。因此，在教学过程中，教师应关注学生的个体差异，针对不同学生的需求和能力制定个性化的教学方案。例如，对于理解能力较弱的学生，教师可以采用更加直观和生动的教学方法；对于思维能力较强的学生，教师可以设计更具挑战性的问题或实验来激发他们的潜能。

四、归纳法对学生数学学习和思维能力的影响

（一）归纳法对学生数学学习的影响

归纳法帮助学生从具体的数学实例中抽象出一般性的数学概念，从而深化对数学本质的理解。例如，在学习函数的概念时，学生可以通过观察和分析具体函数的图像和性质，归纳出函数的定义和特征。这种从具体到一般的归纳过程有助于学生更好地理解和掌握数学概念。

归纳法在数学解题中具有广泛的应用价值。通过观察和分析具体问题的实例，学生可以归纳出解题的一般步骤和方法，从而提升解题能力。例如，在解决几何问题时，学生可以通过观察和分析具体图形的性质，归纳出解题的常用方法和技巧。这种归纳思维有助于学生更加高效地解决数学问题。

（二）归纳法对学生思维能力的影响

归纳法鼓励学生主动观察和思考新问题、新现象，从而发现新的数学规律和定理。这种探索性的学习方式有助于激发学生的创新意识和求知欲。通过归纳法的应用，学生可以学会从不同的角度和层面去审视数学问题，提出新的观点和见解，从而培养创新思维和能力。

通过归纳法的训练，学生可以学会如何面对复杂问题、如何分析和解决问题，从而提高自己的综合素质和竞争力。

第二节　完全归纳法与不完全归纳法

一、完全归纳法与不完全归纳法的定义与区别

（一）定义

完全归纳法，又称“完全归纳推理”，是一种以某类中每一对象（或子类）都具有或不具有某一属性为前提，推出以该类对象全部具有或不具有该属性为结论的归纳推理方法。它要求无一遗漏地考察一类事物的全部对象，断定该类事物中每一对象都具有（或不具有）某种属性，从而结论断定的是整个这类事物具有（或不具有）该属性。

不完全归纳法，又称“不完全归纳推理”或“普通归纳法”，则是通过观察某类事物中部分对象发现某些相同的性质，从而推出该类事物具有这种性质的一般性结论的推理方法。这种方法在科学研究中常用作提出假设或猜想的手段，但结论的正确性需要通过后续的实验或证明来验证。

（二）区别

1. 考察范围不同

完全归纳法：考察的是某类事物的全部对象，无一遗漏。例如，要证明所有金属都导电，就需要对每一种金属都进行导电性测试，如果所有已知金属都导电，那么就可以得出所有金属都导电的结论。

不完全归纳法：仅考察某类事物的部分对象。例如，通过观察几只天鹅都是白色的，就推断所有天鹅都是白色的，这就是不完全归纳法的应用。但显然，这种结论的可靠性需要更多的证据来支持。

2. 结论的可靠性不同

完全归纳法：由于考察了所有对象，因此其结论必然真实，前提与结论之间的联系具有必然性。这是完全归纳法最显著的特点和优势。

不完全归纳法：由于仅考察了部分对象，因此其结论可能为真也可能为假，可靠性相对较低。不完全归纳法得出的结论往往需要进一步的实验或证明来验证其正确性。

3. 应用场景不同

完全归纳法：适用于对象数量有限且易于考察的情况。例如，在证明某个数学定理时，如果定理的条件可以穷举所有可能情况，那么就可以采用完全归纳法来证明。然而，在现实生活中，由于很多事物的对象数量庞大甚至无限，完全归纳法往往难以实现。

不完全归纳法：广泛应用于科学研究、日常生活和逻辑推理中，需要注意的是，不完全归纳法得出的结论需要谨慎对待，避免轻率概括或以偏概全。

4. 推理过程不同

完全归纳法：推理过程相对简单直接，就是逐一考察所有对象是否具有某种属性，然后得出整体结论。

不完全归纳法：推理过程则更为复杂和灵活。它需要根据部分对象的情况来推断整体情况，这要求观察者具备敏锐的观察力和判断力，能够准确把握部分与整体之间的关系。同时，不完全归纳法还常常需要结合其他推理方法（如演绎法、类比法等）来综合判断结论的正确性。

二、完全归纳法与不完全归纳法的选择与应用策略

在高等数学及更广泛的数学领域中，归纳法作为一种重要的推理方法，被广泛用于定理的证明、性质的探索以及猜想的提出。归纳法主要分为完全归纳法和不完全归纳法两种，它们在应用上有着显著的差异和各自的优势与局限。

（一）完全归纳法的选择与应用策略

1. 完全归纳法的选择原则

对象数量有限：当需要考察的数学对象数量有限且数量不大时，完全归纳法是一个理想的选择。因为此时可以确保考察到所有可能的情况，从而得出必然真实的结论。

结论可靠性要求高：在某些情况下，对结论的可靠性有极高要求，不容许任何或然性存在。此时，完全归纳法成为唯一可接受的方法。

2. 完全归纳法的应用策略

分类讨论：对于数量有限的对象，可以采用分类讨论的策略，将对象按照某种标准划分为若干子类，然后逐一考察每个子类的所有成员。这样可以确保考察的全面性和结论的可靠性。

逐一验证：对于每个对象或子类中的每个成员，都需要进行逐一验证。这要求有明确的验证标准和验证方法，以确保验证过程的准确性和有效性。

结论总结：在完成对所有对象或子类的考察后，需要对结论进行总结和归纳。此时需要注意结论的普遍性和适用性，避免因为个别特殊情况而影响结论的普遍性。

（二）不完全归纳法的选择与应用策略

当需要考察的数学对象数量众多甚至无限时，完全归纳法变得不可行。此时，不完全归纳法成为主要选择。尽管结论可能具有或然性，但通过合理的设计和应用策略，可以提高结论的可靠性。在不完全了解某一类数学对象的性质时，可以通过不完全归纳法进行初步探索。通过观察部分对象的性质，提出关于该类对象的普遍性猜想，为后续深入研究提供方向。

为了提高结论的可靠性，需要尽可能广泛地取样。这意味着在选择考察对象时，应覆盖不同类型、不同范围的对象，以减少因样本选择不当而导致的偏差。在提出普遍性结论之前，需要仔细检查是否存在反例。如果发现反例，则需要重新评估结论的可靠性，并可能需要对取样方法或结论本身进行修改。不完全归纳法通常与其他数学方法结合使用，以提高结论的可靠性。例如，可以结合演绎推理、数学归纳法等方法，对结论进行进一步的验证和证明。在多次应用不完全归纳法得出相似结论的情况下，可以累积这些证据来支持一个更普遍的结论。这种累积证据的方法可以在一定程度上弥补不完全归纳法结论的或然性。

（四）完全归纳法与不完全归纳法的结合应用

在实际应用中，完全归纳法与不完全归纳法并不是孤立的方法，而是可以相互结合、相互补充的。例如，在初步探索阶段可以使用不完全归纳法提出猜想或假设，然后在后续阶段使用完全归纳法或其他严格证明方法对猜想进行验证和确认。这种结合应用的方法可以充分发挥两种归纳法的优势，提高数学研究的效率和准确性。

第三节　类比推理在高等数学中的运用

一、类比推理在高等数学理论构建中的作用

在高等数学的理论构建过程中，类比推理作为一种重要的思维工具，发挥着不可替代的作用。

（一）类比推理的基本概念与特点

类比推理是一种基于相似性的推理方法，它通过观察两个或多个对象在某些属性上的相似性，进而推断出它们在其他属性上也可能相似。在高等数学中，类比推理通常涉及复杂的数学结构、概念和定理，通过寻找它们之间的内在联系和相似性，来推动数学理论的深入发展。

类比推理的特点在于其灵活性和创造性。它不受现有知识框架的严格限制，允许研究者跳出传统思维模式，从新的角度审视数学问题。同时，类比推理还具有一定的或然性，即推断结果可能不是绝对真实的，但它为数学研究提供了有价值的线索和方向。

（二）类比推理在高等数学理论构建中的具体应用

在高等数学的理论构建中，类比推理经常用于发现新的数学定理和公式。研究者通过观察不同数学对象或概念之间的相似性，推断出它们在其他方面也可能存在相似的关系或性质。例如，在微积分学中，通过对一元函数微分和积分的类比，可以推断出多元函数微分和积分的存在及其性质。这种类比不仅有助于发现新的数学定理，还能够为后续的证明和应用提供有益的启示。

类比推理还有助于深化对数学概念的理解。在高等数学中，许多概念具有抽象性和复杂性，学生往往难以直接把握其本质。通过类比推理，可以将这些抽象概念与更直观、更熟悉的概念联系起来，从而帮助学生更好地理解和掌握它们。例如，在学习线性空间时，可以通过将其与日常生活中的向量空间进行类比，来帮助学生理解线性空间的定义和性质。类比推理还有助于促进不同数学分支之间的交叉融合。在高等数学中，不同分支之间往往存在密切的联系和相似性。通过类比推理，可以发现这些联系和相似性，并将它们有机地结合起来，

从而推动数学理论的全面发展。例如，在代数学和几何学中，通过类比推理可以发现许多定理和公式在形式上具有相似性，进而推动代数几何这一交叉学科的发展。

（三）类比推理在高等数学教学中的作用

类比推理能够激发学生的学习兴趣。在高等数学教学中，教师可以通过类比推理将抽象的数学知识与日常生活中的实际例子联系起来，使学生感受到数学的实用性和趣味性。例如，在讲解极限概念时，可以通过类比赛跑运动员接近终点线的速度变化来帮助学生理解极限的定义和性质。这种教学方法能够吸引学生的注意力，提高他们的学习积极性。

类比推理还有助于培养学生的思维能力。在高等数学中，类比推理要求学生具备敏锐的观察力和丰富的想象力，能够发现不同数学对象或概念之间的内在联系和相似性。通过类比推理的训练，学生可以逐渐掌握这种思维方法，并将其应用于其他领域的学习和研究中。这种思维能力的培养对于学生未来的发展和成长具有重要意义。类比推理还能够提高高等数学的教学效果和质量。通过类比推理，教师可以将复杂的数学知识简化为更直观、更易于理解的形式，从而降低学生的学习难度和负担。同时，类比推理还有助于加深学生对数学知识的理解和掌握程度，提高他们的解题能力和应试能力。

（四）类比推理的局限性与应对策略

尽管类比推理在高等数学理论构建中发挥着重要作用，但它也存在一定的局限性。首先，类比推理的结论可能具有或然性，即推断结果可能不是绝对真实的。因此，在使用类比推理时需要注意其适用范围和前提条件，避免得出错误的结论。其次，类比推理可能受到研究者主观因素的影响，导致推断结果存在偏差。

为了有效应对类比推理的局限性，可以采取以下策略：一是加强数学基础知识的学习和掌握程度，为类比推理提供坚实的理论基础；二是注重培养自己的观察力和想象力等思维能力素质；三是结合其他数学方法进行综合分析和判断；四是积极参与学术交流与合作活动，借鉴他人的经验和成果来完善自己的类比推理过程。

二、类比推理在高等数学问题解决中的策略与方法

在高等数学的学习与研究中，类比推理作为一种强大的思维工具，对于解决

复杂问题具有不可估量的价值。类比推理通过识别不同数学对象或概念之间的相似性，进而推断它们在其他方面也可能存在相似的关系或规律，从而为问题的解决提供新的视角和思路。

（一）类比推理在高等数学问题解决中的策略

结构类比是类比推理在高等数学问题解决中最常用的策略之一。它侧重于寻找不同数学对象或问题在结构上的相似性，通过已知对象的性质推断未知对象的性质。例如，在解决微分方程问题时，可以通过类比线性方程组的解法，尝试将微分方程转化为线性方程的形式进行求解。结构类比的关键在于准确识别问题之间的结构相似性，并灵活运用已知的知识和方法。

结论类比策略也是一种有效的类比推理方法。它基于已知问题的结论或性质，推断类似问题也可能具有相同的结论或性质。例如，在证明某个数学定理时，如果已知类似定理的证明过程，可以尝试将其证明思路类比应用到当前定理的证明中。结论类比的关键在于准确把握问题之间的内在联系和相似点，避免盲目类比导致错误结论。

降维类比策略在空间几何和拓扑学等领域尤为常见。它通过将高维问题转化为低维问题进行类比分析，从而简化问题求解过程。例如，在解决三维空间中的几何问题时，可以尝试将其类比为二维平面上的几何问题进行分析和求解。降维类比的关键在于合理选择降维方式和保留关键信息，确保类比结果的有效性和准确性。

数形类比策略是数与形之间的一种类比推理方法。它利用数与形之间的内在联系和相似性，通过图形直观展示数学问题的本质特征，从而帮助学生更好地理解和解决问题。例如，在解决复杂代数方程时，可以尝试将其转化为几何图形进行分析和求解。数形类比的关键在于准确建立数与形之间的对应关系，并灵活运用图形直观展示数学问题的关键信息。

（二）类比推理在高等数学问题解决中的具体方法

在解决高等数学问题时，首先需要回顾已学过的相关知识和方法，寻找与当前问题相似的已解决问题或模型。通过联想和类比这些已解决问题的解题思路和方法，为当前问题的解决提供有益的启示和参考。

在找到相似问题或模型后，需要构建类比模型以进一步分析问题。类比模型应尽可能准确地反映当前问题的本质特征和关键信息，以便通过类比推理得出正确的结论或解法。构建类比模型时需要注意模型的合理性和有效性，避免引入不必要的假设和条件导致错误结论。在构建好类比模型后，需要进行推理和验证以确认类比结果的正确性。推理过程应严谨、逻辑清晰，遵循数学规律和定理；验证过程则需要对类比结果进行充分检验和证明，确保其在实际应用中的有效性和可靠性。推理与验证是类比推理在高等数学问题解决中不可或缺的重要环节。

通过类比推理得出的结论或解法不仅适用于当前问题本身，还可以进一步拓展和应用到其他类似问题中。因此，在解决问题后需要对类比推理过程进行总结和反思，提炼出其中的规律和方法论意义；同时还需要关注相关领域的最新研究进展和动态变化，以便及时调整和优化类比推理策略和方法。

三、类比推理在高等数学教学中的实施途径

（一）明确类比推理的教学目标

在高等数学教学中实施类比推理，首先需要明确教学目标。类比推理的教学目标不仅在于让学生掌握具体的数学知识，更在于培养学生的思维能力、创新能力和解决问题的能力。因此，教师应在教学设计中融入类比推理的思想，通过类比推理引导学生发现问题、分析问题、解决问题，从而提升学生的数学素养。

（二）选择合适的教学内容

类比推理在高等数学中的应用广泛，但并非所有内容都适合采用类比推理进行教学。教师应根据教学内容的特点和学生的实际情况，选择合适的内容进行类比推理教学。一般来说，具有以下特点的教学内容更适合采用类比推理：

具有相似性的数学对象或概念：如空间向量与平面向量、多元函数与一元函数等，这些对象或概念在结构上存在相似性，便于学生进行类比推理。

复杂难懂的数学知识点：如微积分中的极限概念、线性代数中的特征值和特征向量等，这些知识点抽象复杂，通过类比推理可以帮助学生降低理解难度。

需要综合运用多种数学方法的问题：如某些综合应用题或证明题，这类问题往往需要学生综合运用多种数学方法进行求解，类比推理可以帮助学生找到解题的突破口。

（三）设计类比推理的教学过程

在教学开始阶段，教师应通过生动形象的实例或直观的图形展示，引入类比对象。这些类比对象应与学生已有的知识经验相联系，便于学生接受和理解。在引入类比对象后，教师应引导学生分析类比对象之间的相似性。这些相似性可以是结构上的相似、性质上的相似或应用上的相似。通过分析相似性，学生可以初步建立类比推理的框架。例如，在分析空间向量与平面向量的相似性时，可以引导学生比较它们的定义、运算规则和应用场景等方面的异同。

在分析完相似性后，教师应引导学生进行类比推理。类比推理的过程包括提出假设、验证假设和得出结论三个步骤。学生需要根据类比对象的相似性提出假设，并通过逻辑推理或实验验证假设的正确性，最后得出结论。在这个过程中，教师应鼓励学生大胆假设、小心求证，培养他们的创新思维和解决问题的能力。在完成类比推理后，教师应组织学生进行总结和反思。总结可以帮助学生梳理知识点和解题思路；反思则可以帮助学生发现自己的不足和需要改进的地方。通过总结和反思，学生可以进一步巩固所学知识并提高学习效果。

（四）运用多样化的教学手段

在高等数学教学中实施类比推理时，教师应运用多样化的教学手段以提高教学效果。

多媒体辅助教学：利用多媒体设备展示图形、动画和视频等教学资源，帮助学生更直观地理解类比对象之间的相似性。

小组合作学习：通过小组合作学习的方式组织学生进行类比推理活动，促进学生之间的交流与合作，培养他们的团队协作能力。

案例分析法：通过引入具体的数学案例进行分析和讨论，帮助学生掌握类比推理的方法和技巧。

探究式学习：鼓励学生自主探究和发现数学规律和问题解决方案，培养他们的自主学习能力和创新精神。

四、类比推理对学生数学学习和思维能力的影响

（一）类比推理在数学学习中的作用

类比推理通过寻找不同数学对象或概念之间的相似性，帮助学生将新的、复杂的数学知识与已有的、简单的知识相联系。这种联系使得学生能够借助已知的

知识来理解新的知识，从而降低了学习的难度。例如，学生在学习多元函数时，可以通过类比一元函数的性质和运算规则，来理解多元函数的相应概念和运算。类比推理能够增强学生对数学知识的记忆效果。通过将新的数学知识与已有的知识或经验进行类比，学生能够在脑海中形成更加生动、形象的记忆表象。这些表象不仅有助于学生在短期内记住数学知识，还有助于学生在长期内保持对这些知识的记忆。

（二）类比推理对思维能力的影响

类比推理鼓励学生寻找不同数学对象或概念之间的相似性，这种寻找过程本身就是一种创新思维的过程。通过类比推理，学生能够发现数学知识之间的内在联系和规律，从而提出新的观点和见解。这种创新思维不仅有助于学生在数学学习中取得更好的成绩，还有助于他们在未来的科学研究和实际工作中发挥更大的创造力。

类比推理要求学生对不同的数学对象或概念进行比较和分析，找出它们之间的相似性和差异性。这种比较和分析的过程需要学生进行严密的逻辑推理和判断。因此，通过类比推理的训练，学生能够提升自己的逻辑思维能力，更加准确地理解和运用数学知识。同时，通过类比推理的训练，学生还能够培养自己的问题意识和问题敏感性，更加主动地发现和解决问题。

类比推理要求学生能够从不同的角度和层面去思考和理解数学知识。这种多角度、多层面的思考方式使得学生的思维更加灵活和开阔。通过类比推理的训练，学生能够学会从不同的角度去寻找问题的解决方案，更加灵活地运用数学知识来应对各种复杂的问题情境。

（三）如何在数学教学中有效运用类比推理

在数学教学中，教师应创设适当的情境，引导学生进行类比推理。例如，在引入新的数学概念或定理时，教师可以先给出一些与之相似的已知概念或定理，让学生进行比较和分析，从而引出新的概念或定理。

教师应鼓励学生自主探索数学知识之间的联系和规律，培养他们的类比推理能力。例如，教师可以给出一些具有相似性的数学问题，让学生尝试用类比推理的方法去解决它们。在学生进行类比推理的过程中，教师应及时给予反馈和指导。对于正确的类比推理，教师应给予肯定和鼓励；对于错误的类比推理，教师应指出错误并引导学生进行分析和纠正。通过及时的反馈和指导，学生能够更加深入地理解和掌握类比推理的方法和技巧。

教师应注重将类比推理应用于实际的数学问题解决中，提升学生的数学素养。例如，教师可以给出一些具有挑战性的数学问题，让学生尝试用类比推理的方法去解决它们，并引导学生将类比推理的方法应用于其他类似的问题中。

第四节　通过归纳与类比发现数学规律

一、归纳与类比在发现数学规律中的作用

在数学的世界里，规律的探索与发现是推动学科进步的重要动力。归纳与类比，作为两种重要的思维方式，在揭示数学内在规律、构建数学理论体系方面发挥着不可替代的作用。

（一）归纳：从特殊到一般的桥梁

许多重要的数学定理最初都是通过归纳方法得出的。例如，数学家们在观察了一系列数列、图形或函数后，往往能归纳出它们共有的性质或规律，进而形成猜想或假设。这些猜想或假设经过进一步的证明和验证，最终可能演化为严谨的数学定理。归纳方法不仅用于发现具体的数学定理，还在构建整个数学体系中发挥着重要作用。数学家们通过归纳方法，将各种特殊的数学现象和规律进行整理和分类，形成更为一般和系统的数学理论。这种从特殊到一般的归纳过程，使得数学知识更加条理化、系统化。

面对一个复杂的问题，数学家们往往会先考虑一些特殊的情况或简单的实例，通过归纳这些特殊情况的解，来推测一般情况的解。这种“由特殊到一般”的归纳思路，在解决许多数学难题时都显得尤为有效。

（二）类比：跨越不同领域的桥梁

在数学研究中，类比方法帮助数学家们在不同数学领域之间建立联系，发现新的规律和理论。

新的数学概念往往是通过类比已有的概念而形成的。数学家们在研究新的数学对象时，会寻找它与已知对象之间的相似性，并通过类比来定义新的概念。这种通过类比形成新概念的方法，不仅使得新的数学概念更加易于理解和接受，还

促进了数学概念体系的丰富和发展。

类比方法在数学定理的推广中也发挥着重要作用。数学家们在证明了一个定理后，往往会通过类比来推测这个定理在其他情况下是否也成立。这种通过类比进行定理推广的方法，不仅扩大了定理的应用范围，还推动了数学理论的进一步发展。

类比方法还是跨学科研究的重要工具。数学家们在研究数学问题时，往往会将其与其他学科的问题进行类比，从而发现新的数学规律和理论。这种跨学科的类比研究，不仅促进了数学与其他学科的交叉融合，还推动了整个科学体系的进步和发展。

（三）归纳与类比的相辅相成

归纳与类比在数学研究中往往不是孤立存在的，而是相辅相成、共同发挥作用的。归纳方法帮助数学家们从特殊现象中提炼出普遍规律，而类比方法则帮助他们在不同数学对象或领域之间建立联系，发现新的规律和理论。这两种方法的结合使用，使得数学家们能够更加全面、深入地揭示数学的内在规律，推动数学理论的不断发展和完善。在发现新的数学定理时，归纳与类比往往共同发挥作用。数学家们首先通过归纳方法从特殊现象中提炼出猜想或假设，然后通过类比方法将这个猜想或假设推广到更一般的情况，最终形成新的定理。这种“归纳 - 类比”的协同作用，在数学定理的发现过程中显得尤为重要。

二、通过归纳与类比发现数学规律的策略与方法

（一）归纳策略与方法

归纳是从特殊到一般的推理过程，它通过观察和分析特定个体或情况，概括出普遍性的结论或规律。在数学研究中，归纳策略的应用广泛且深入。

当研究对象数量有限时，我们可以采用完全归纳法。这种方法要求考察每一个个体，然后概括出一般性的结论。例如，在探索数列的规律时，可以先列出数列的前几项，观察它们之间的关系，然后归纳出数列的通项公式。对于数量庞大或无限的研究对象，通常采用不完全归纳法。这种方法只考察部分个体，然后根据这些个体的性质推断出一般性的结论。例如，在研究素数分布时，可以通过观察部分素数的性质，归纳出素数定理的猜想。

数学归纳法是一种特殊的归纳方法，它通常用于证明与自然数序列有关的命

题。这种方法首先证明命题对于某个特定的自然数成立，然后假设命题对于某个自然数成立，并证明它对于下一个自然数也成立。通过这种方法，可以归纳出命题对于所有自然数都成立的结论。

（二）类比策略与方法

类比是根据两个或多个对象之间的相似性，推断它们在其他方面也可能相似的一种推理方法。在数学研究中，类比策略同样发挥着重要作用。

直接类比是寻找两个数学对象之间的直接相似性。例如，在研究圆的性质时，我们可以将其与直线进行类比。通过观察直线与圆在几何性质上的相似性，可以推断出圆的一些新性质。间接类比是通过一个中介对象来比较两个数学对象之间的相似性。例如，在研究复数时，可以将其与实数进行类比。虽然复数和实数在许多方面不同，但它们都满足基本的代数运算法则。通过这种间接类比，可以更好地理解复数的性质和运算规则。

跨领域类比是将数学对象与其他学科的对象进行类比。例如，在研究图论时，可以将其与社交网络进行类比。通过观察社交网络中的节点和边与图论中的顶点和边之间的相似性，可以发现图论中的一些新规律和应用。

（三）归纳与类比的结合应用

在数学研究中，归纳与类比往往不是孤立使用的，而是相互结合、相互补充的。通过结合应用这两种方法，可以更加全面、深入地发现数学的内在规律。

可以先通过归纳方法从特殊现象中提炼出一般性的结论或规律，然后再通过类比方法将这个结论或规律应用到其他类似的情况中。例如，在研究数列时，可以先归纳出数列的通项公式，然后将其类比到其他类型的数列中，发现它们之间的共同规律和性质。类比方法也可以为归纳方法提供指导。通过观察两个类似对象的性质，可以推测其中一个对象可能具有与另一个对象相似的性质，然后通过归纳方法来验证这个推测。例如，在研究几何图形时，可以将三角形与四边形进行类比，推测四边形可能具有与三角形相似的性质，如内角和等，然后通过归纳方法来证明这个推测。

在数学研究中，归纳与类比往往可以交替使用，相互促进。可以先通过归纳方法得出一个初步的结论或规律，然后通过类比方法将其应用到其他情况中进行验证和修正，最后再通过归纳方法将修正后的结论或规律推广到更一般的情况中。这种交替使用的方法可以使我们更加全面、深入地理解数学的内在规律和结构。

三、培养学生通过归纳与类比发现数学规律的能力

（一）培养学生归纳能力的教学策略

为了让学生能够有效地进行归纳，教师需要提供足够的数学实例。这些实例应该是多样化的，能够覆盖不同的数学概念和情境。通过观察和分析这些实例，学生可以逐渐发现其中的共性和规律。

在学生观察数学实例的过程中，教师需要引导他们注意实例中的关键特征，并分析这些特征之间的关系。通过提问和讨论，教师可以帮助学生理清思路，明确归纳的方向和目标。在归纳过程中，学生需要提出假设来解释他们观察到的现象。教师应该鼓励学生大胆提出假设，并提供机会让他们通过实验或计算来验证这些假设。这个过程能够帮助学生更好地理解数学概念，并培养他们的实证思维。

在学生完成归纳后，教师需要帮助他们总结归纳的方法，并引导他们将这种方法应用于新的问题中。通过不断的练习和应用，学生可以逐渐掌握归纳的技巧，并提高他们的数学思维能力。

（二）培养学生类比能力的教学策略

为了让学生能够有效地进行类比，教师需要引入与当前数学问题相似的类比对象。这些对象可以是其他数学问题、实际生活中的情境或其他学科的知识。通过引入类比对象，学生可以更容易地理解新的数学概念，并发现它们与其他概念之间的联系。

在引入类比对象后，教师需要引导学生分析这些对象之间的共性和差异。通过比较和对比，学生可以更深入地理解数学概念的本质，并发现它们之间的相似性和差异性。在学生理解类比对象后，教师需要引导他们应用类比方法来解决问题。这个过程可以帮助学生将新的数学概念与他们已经熟悉的概念联系起来，从而更好地理解和应用新的概念。

在学生完成类比后，教师需要引导他们反思和总结类比的过程。通过回顾和思考，学生可以更好地理解类比方法的优点和局限性，并学会如何更有效地运用这种方法来发现和理解数学规律。

（三）结合归纳与类比的教学策略

在数学教学中，教师可以交替使用归纳和类比方法，让学生更全面地理解数学概念。例如，可以先通过归纳方法总结出一个数学规律，然后通过类比方法将

其应用到其他类似的数学问题中。

教师需要鼓励学生自主探索和发现数学规律。可以提供一些开放性的问题或情境，让学生运用归纳和类比方法来寻找答案。通过这个过程，学生可以培养自己的数学思维能力，并学会如何独立地解决问题。为了更有效地培养学生通过归纳与类比发现数学规律的能力，教师需要整合多种教学方法和资源。例如，可以使用多媒体教学工具来展示数学实例和类比对象，或者使用小组合作学习的方式来促进学生之间的交流和讨论。

在学生运用归纳和类比方法的过程中，教师需要给予及时的评价和反馈。可以评价学生的思路是否清晰、方法是否得当、结论是否正确等。通过评价和反馈，学生可以了解自己的优点和不足，并学会如何改进自己的数学思维能力。

第四章　演绎与推理

第一节　演绎法的基本概念和原理

一、演绎法的定义及其在数学中的地位

（一）演绎法的定义

演绎法，或称演绎推理，是一种重要的逻辑推理方法，其基本思想是从一般到特殊的推理过程。具体来说，演绎法以一定的反映客观规律的理论认识为依据，从服从该认识的已知部分推知事物的未知部分。这种方法的核心在于从普遍性的前提（大前提）出发，结合特定的情况（小前提），推导出关于个别或特殊情况的结论。

（二）演绎法在数学中的地位

数学作为一门研究数量、结构、空间以及变化等概念的学科，其严谨性和精确性在很大程度上得益于演绎推理的应用。公理和定理是数学体系的基础，它们被视为无可争议的真理。这些公理和定理的推导和证明过程中，演绎推理发挥了巨大的作用。通过演绎推理，数学家们可以从少数几个基本假设出发，推导出整个数学体系中的众多定理和命题，从而确保了数学的严谨性和一致性。

在数学中，公理和定理的推导是演绎推理最直接的应用。例如，在几何学中，欧几里得几何的五条公理就是通过演绎推理推导出了无数的定理和命题。这些定理和命题不仅丰富了几何学的内容，也为其在实际问题中的应用提供了坚实的理论基础。同样，在代数中，一些基本的运算律如加法交换律和结合律也是通过演绎推理进行证明的。这些运算律的成立是代数运算得以顺利进行的前提，而它们的证明则离不开演绎推理的支持。

演绎推理在解决复杂数学问题中也发挥着重要作用。很多时候，数学问题可能看起来复杂和抽象，但是通过应用演绎推理，可以将复杂问题分解为更小、更易于处理的部分。例如，在解决微积分问题时，常常使用演绎推理来推导和证明一些重要的定理，如泰勒定理和洛必达法则。这些定理的应用使得复杂的问题变得简单，从而可以更有效地解决它们。此外，在证明数学猜想或解决数学难题时，演绎推理也经常被用作主要的推理工具。

数学证明是数学中不可或缺的一部分，而演绎推理则是数学证明的核心。在数学证明中，需要从已知的前提出发，通过一系列的推理步骤推导出结论。这些推理步骤必须严格遵循逻辑规则，确保每一步都是正确无误的。演绎推理为数学证明提供了这样的逻辑保障，使得数学结论具有无可置疑的确定性。同时，演绎推理也使得数学证明过程具有可重复性和可验证性，任何人都可以按照相同的逻辑步骤验证证明的正确性。演绎推理不仅在数学体系中占据重要地位，还是推动数学发展的重要动力。通过演绎推理，数学家们可以不断探索新的数学领域和发现新的数学规律。例如，在微积分的创立过程中，牛顿和莱布尼茨就运用了演绎推理的方法从运动学问题出发推导出了微积分的基本定理和公式。这些成果不仅极大地丰富了数学的内容，也为物理学、工程学等其他学科的发展提供了有力的数学工具。

二、演绎推理的基本形式与结构分析

演绎推理是逻辑推理的一种重要形式，它从一般到特殊，根据普遍性的前提推导出特殊情况的结论。这种推理方法在数学、哲学、法学等众多领域都有广泛的应用。

（一）演绎推理的基本形式

演绎推理的基本形式主要包括三段论、假言推理、选言推理等。

三段论是演绎推理中最基本、最典型的形式，它由大前提、小前提和结论三部分组成。大前提是一个普遍性的陈述，提供了推理的基础；小前提是一个特定情况的陈述，与大前提相关联；结论则是从大前提和小前提中推导出的关于个别或特殊情况的陈述。三段论的推理结构严谨，是演绎推理的核心。

假言推理是根据假言命题进行的推理。假言命题是陈述某一事物情况是另一事物情况的条件的命题，分为充分条件假言命题、必要条件假言命题和充分必要条件假言命题。假言推理有肯定前件式、否定后件式等不同形式，它们都是根据假言命题的逻辑关系进行推导的。

选言推理是根据选言命题进行的推理。选言命题是陈述几种事物情况至少有一种存在的命题，分为相容选言命题和不相容选言命题。选言推理包括肯定否定式、否定肯定式等，它们都是根据选言命题中各个选言支的逻辑关系进行推导的。

（二）演绎推理的结构分析

演绎推理的结构包括前提、推理形式和结论三个部分。

前提是演绎推理的出发点，是推理的基础。在演绎推理中，前提必须是真实的、无可争议的，否则推理的结论将无法成立。前提可以是已知的事实、公理、定理等，它们为推理提供了必要的依据。

推理形式是演绎推理的核心，它决定了如何从前提推导出结论。推理形式必须严格遵守逻辑规则，确保每一步都是正确无误的。在推理过程中，我们需要运用逻辑运算、命题演算等方法，将前提转化为结论。

结论是演绎推理的结果，是推理的最终目标。结论必须是从前提中严格推导出来的，不能包含任何前提中未提及的信息。结论的正确性取决于前提的真实性和推理形式的正确性。

（三）演绎推理的特点与作用

演绎推理具有严谨性、确定性和普遍性等特点。

演绎推理的严谨性体现在其推理过程中必须严格遵守逻辑规则，确保每一步都是正确无误的。这种严谨性使得演绎推理在数学、哲学等领域中得到了广泛的应用。

演绎推理的结论是从前提中严格推导出来的，因此具有确定性。只要前提真实且推理形式正确，结论就必然成立。这种确定性使得演绎推理在需要确切答案的场合中非常有用。

演绎推理的结论具有普遍性，即它可以应用于所有符合前提条件的特殊情况。这种普遍性使得演绎推理在归纳和总结规律时非常有效。

演绎推理在数学、哲学、法学等领域中发挥着重要作用。在数学中，演绎推理是证明定理和命题的主要方法；在哲学中，演绎推理用于构建和论证哲学体系；在法学中，演绎推理用于从法律条文中推导出具体案件的判决结果。

（四）演绎推理的局限性与拓展

尽管演绎推理具有诸多优点，但它也存在一定的局限性。

演绎推理的结论依赖于前提的正确性。如果前提存在错误或缺陷，那么推导出的结论也将是不可靠的。因此，在使用演绎推理时，需要确保前提的真实性和准确性。演绎推理的推理形式是有限的，它只能处理特定类型的命题和关系。对于某些复杂的逻辑关系或命题类型，演绎推理可能无法直接应用。为了弥补这一局限性，需要结合其他推理方法或拓展演绎推理的应用范围。

为了拓展演绎推理的应用范围和提高其推理效率，可以采取以下措施：

引入新的逻辑工具：例如模糊逻辑、概率逻辑等，这些工具可以处理更复杂的逻辑关系和不确定性问题。

结合其他推理方法：例如归纳推理、类比推理等，这些方法可以弥补演绎推理在某些方面的不足。

应用计算机技术：利用计算机进行自动化推理和形式化证明，可以提高推理的效率和准确性。

三、演绎法与其他思维方法的关联与区别

在逻辑思维领域，演绎法、归纳法、分析法、综合法及类比法等构成了多元化的思维工具集，每种方法都有其独特的作用和适用范围。

（一）演绎法与归纳法的关联与区别

1. 关联

相互依赖：归纳法是从个别到一般的推理方法，它为演绎法提供了一般性的前提。而演绎法则利用这些前提推导出特殊情况下的结论，从而验证或修正归纳法得出的规律。二者在认识过程中相互依赖，共同推动知识的积累和发展。

互为补充：归纳法和演绎法各有优缺点。归纳法能够概括出普遍规律，但结论的必然性较弱；演绎法结论必然为真，但前提的获取需要归纳法的支持。二者互为补充，共同提高推理的准确性和可靠性。

2. 区别

推理方向不同：归纳法是从个别到一般的推理过程，即从具体事实中概括出一般原理；而演绎法则是从一般到个别的推理过程，即从普遍原理推导出特殊结论。

前提与结论关系不同：归纳法的前提是特殊事实，结论是普遍原理；演绎法的前提是普遍原理，结论是特殊事实。因此，在前提与结论的关系上，二者存在显著差异。

结论的必然性不同：归纳法的结论是基于对个别事实的观察和概括得出的，其必然性较弱；而演绎法的结论则是根据逻辑规则从前提中必然推导出来的，具有高度的必然性。

（二）演绎法与分析法的关联与区别

1. 关联

共同服务于问题解决：无论是演绎法还是分析法，它们都是人们认识世界和解决问题的工具。在复杂问题的处理中，往往需要同时运用这两种方法，以全面深入地理解问题并找到解决方案。

相互渗透：在实际应用中，演绎法和分析法往往相互渗透。例如，在运用演绎法进行推理时，可能需要对前提进行细致的分析；而在运用分析法对问题进行分解时，也可能需要借助演绎法来推导各部分的逻辑关系。

2. 区别

侧重点不同：分析法侧重于将整体分解为部分、方面或要素进行研究，以把握事物的本质和内在联系；而演绎法则侧重于从一般原理出发推导出特殊情况下的结论，以验证或应用这些原理。

推理过程不同：分析法的推理过程是从整体到部分、从复杂到简单；而演绎法的推理过程则是从一般到特殊、从抽象到具体。这种推理过程的差异使得两种方法在解决问题时具有不同的优势和适用范围。

（三）演绎法与综合法的关联与区别

1. 关联

相互补充：综合法是在分析的基础上将各部分的认识连接起来形成对整体的统一认识；而演绎法则是从一般原理推导出特殊情况下的结论。在认识过程中，二者相互补充，共同促进对事物的全面理解。

共同促进知识系统化：无论是通过综合法将分散的知识整合成体系，还是通过演绎法将一般原理应用于特殊情况以扩展知识范围，二者都有助于促进知识的系统化和结构化。

2. 区别

思维方向不同：综合法的思维方向是从部分到整体、从特殊到一般；而演绎法的思维方向则是从一般到特殊、从整体到部分。这种思维方向的差异使得两种方法在知识整合和应用方面具有不同的特点和优势。

作用侧重点不同：综合法侧重于整合分散的知识形成系统认识；而演绎法则侧重于将一般原理应用于特殊情况以验证或扩展知识范围。因此，在作用侧重点上二者也存在明显差异。

（四）演绎法与类比法的关联与区别

1. 关联

共同促进创新思维：类比法通过比较不同事物之间的相似性来发现新的联系和规律；而演绎法则通过逻辑推导来验证或发现新的结论。在创新思维的培养中，通过结合使用这两种方法，人们可以更加灵活地思考问题并找到创新的解决方案。

2. 区别

推理依据不同：类比法的推理依据是事物之间的相似性；而演绎法的推理依据则是逻辑规则和一般原理。这种推理依据的差异使得两种方法在推理过程中具有不同的特点和适用范围。

结论的可靠性不同：类比法的结论是基于事物之间的相似性得出的，其可靠性受到观察样本的代表性和数量的限制；而演绎法的结论则是根据逻辑规则从前提中必然推导出来的，具有较高的可靠性。因此，在结论的可靠性方面二者存在显著差异。

第二节　高等数学中的演绎推理过程

一、高等数学中演绎推理的常用技巧与步骤

（一）演绎推理的常用技巧

演绎推理的有效性高度依赖于前提的真实性和准确性。因此，在进行演绎推理之前，必须仔细阅读和理解题目中给出的所有前提条件，确保对它们有准确无误的理解。同时，还需要注意前提之间的逻辑关系，以便在推理过程中正确运用

它们。

高等数学中的演绎推理涉及多种逻辑推理规则，如蕴含关系、等价关系、逆否命题等。学习者需要熟练掌握这些规则，并能够在推理过程中灵活运用它们。例如，在证明一个命题时，可以利用逆否命题将原命题转化为更易证明的形式；在推导数学公式时，可以利用等价关系将复杂的表达式简化为更简洁的形式。

演绎推理要求推理过程必须连续且逻辑严密。因此，在推理过程中需要构建合理的推理链，确保每一步推理都是基于前一步的结论或已知前提得出的。同时，还需要注意推理链中的每一步都必须符合逻辑规则，避免出现逻辑跳跃或错误推理的情况。

反证法是演绎推理中一种重要的证明方法。它通过假设原命题不成立（即反面命题成立），然后推导出矛盾或荒谬的结论，从而证明原命题成立。在高等数学中，许多难以直接证明的命题都可以通过反证法来解决。因此，学习者需要掌握反证法的运用技巧，并能够在适当的情况下灵活运用它。

（二）演绎推理的常用步骤

在进行演绎推理之前，首先需要明确问题的具体要求以及需要达到的目标。这有助于学习者在推理过程中保持清晰的思路并集中注意力解决问题。

接下来需要收集并整理题目中给出的所有已知条件。这些条件包括数学定理、公理、公式以及题目中直接给出的信息。在整理过程中需要注意条件之间的逻辑关系以及它们对推理过程的影响。对已知条件进行深入的分析和理解是演绎推理的关键步骤。学习者需要确保对每一个前提条件都有准确的理解，并能够分析出它们之间的逻辑关系以及它们对推理过程的影响。

在明确问题和整理已知条件之后，需要构建合理的推理框架和逻辑链条。这包括确定推理的起点（即已知条件）、推理的路径（即逻辑推理规则的应用）以及推理的终点（即需要证明的结论）。通过构建推理框架和逻辑链条可以帮助学习者系统地组织思路并有序地进行推理。在执行推理过程中需要按照构建的推理框架和逻辑链条逐步推导结论。每一步推理都需要基于已知条件或前一步的结论进行，并确保符合逻辑规则。在推导过程中需要注意细节的处理以及可能出现的特殊情况的处理。同时，还需要检查每一步推理的逻辑性，确保没有出现逻辑跳跃或错误推理的情况。

最后需要验证推导出的结论是否正确和完整。这可以通过将结论代入原问题或利用其他已知条件进行验证来实现。如果结论与原问题或已知条件不符，则需要重新检查推理过程并找出错误所在。同时，还需要确保结论的完整性，即结论是否涵盖了题目要求的所有方面。

二、演绎推理在高等数学定理证明中的应用

演绎推理不仅为数学定理的证明提供了严谨的逻辑框架，还确保了数学理论的连贯性和一致性。

（一）演绎推理与高等数学定理证明概述

在高等数学中，演绎推理通常涉及复杂的数学符号和表达式，要求推理过程必须连续且逻辑严密。高等数学定理是数学理论的基础，它们为数学问题的解决提供了有力的工具。定理的证明过程不仅验证了定理的正确性，还揭示了定理与其他数学概念之间的内在联系。演绎推理提供了一种系统化的方法，使得数学家能够从已知的数学原理出发，通过逻辑推理，推导出新的定理和结论。这种方法不仅保证了数学理论的连贯性，还为数学的发展提供了坚实的基础。

（二）演绎推理在高等数学定理证明中的应用技巧

在高等数学定理证明中，准确理解前提是演绎推理的第一步。这要求学习者仔细阅读和理解定理的前提条件，确保对它们有准确无误的理解。

高等数学定理的证明往往涉及多种逻辑推理规则，如蕴含关系、等价关系、逆否命题等。学习者需要熟练掌握这些规则，并能够在证明过程中灵活运用它们。通过灵活运用逻辑推理规则，可以简化证明过程，提高证明效率。在高等数学定理证明中，构建合理的推理链是至关重要的。这要求学习者确保每一步推理都是基于前一步的结论或已知前提得出的，并且每一步都必须符合逻辑规则。通过构建合理的推理链，可以确保定理证明过程的连贯性和一致性。

在高等数学定理证明中，特殊情况的处理往往是一个难点。学习者需要善于识别和处理特殊情况，确保定理在所有可能的情况下都成立。这要求学习者具备敏锐的洞察力和严谨的逻辑思维能力。高等数学定理的证明往往涉及复杂的数学符号和表达式。因此，学习者需要熟练掌握数学符号和语言的运用，能够准确地用数学语言表述推理过程。这不仅可以提高定理证明的严谨性，还可以增强定理的可读性和可理解性。

第三节　演绎法在几何证明中的应用

一、演绎法在几何证明中的基本思路与步骤

（一）演绎法在几何证明中的基本思路

在进行几何证明之前，首先需要明确问题的前提条件和需要证明的结论。前提条件通常包括已知的几何事实、公理、定理以及题目中直接给出的条件。而结论则是希望通过演绎推理得出的必然结果。

几何证明离不开基本公理和定理的支持。这些公理和定理是几何学的基础，具有不证自明的真理性。在证明过程中，需要根据问题的需要，恰当地引入这些公理和定理作为推理的依据。演绎法的核心在于构建一条从前提到结论的逻辑链条。这条链条上的每一个环节都是基于前一环节的必然结果，通过逐步推导，最终得出所需的结论。在几何证明中，这意味着我们需要利用已知条件和基本公理、定理，通过一系列的几何变换和推理，逐步逼近目标结论。

几何证明往往离不开图形的辅助。图形可以直观地展示几何对象的位置关系、形状大小等信息，有助于更好地理解和分析问题。在证明过程中，可以利用图形来辅助推理，通过观察图形的变化来发现新的几何关系，从而推动证明过程的进展。

（二）演绎法在几何证明中的具体步骤

首先，需要对几何问题进行仔细的分析，明确题目中给出的已知条件和需要证明的结论。同时，还需要识别出题目中的关键信息点，如特殊的几何图形、关键的几何关系等。

根据问题的需要，需要引入相关的几何公理和定理作为推理的依据。这些公理和定理应该与问题的已知条件和结论紧密相关，能够为推理提供有力的支持。在明确了已知条件、未知结论以及相关公理定理之后，需要开始构建推理框架。这个框架应该清晰地展示出从已知条件出发，通过哪些步骤和推理规则，最终能够推导出未知结论的逻辑路径。

在推理框架的指导下，开始进行逐步的推导。每一步推导都应该基于前一步

的结果和相关的公理定理，确保推理过程的连续性和逻辑性。通过一系列的几何变换和推理步骤，最终能够得出所需的结论。在得出结论之后，需要对结论的正确性进行验证。这通常包括检查推理过程中是否存在逻辑错误、是否遗漏了重要的推理步骤等。同时，还可以利用图形来直观地验证结论的正确性，观察图形是否满足结论所描述的几何关系。

二、演绎法在几何证明中的局限性与应对策略

（一）演绎法在几何证明中的局限性

演绎法依赖于大前提和小前提的真实性与正确性。在几何证明中，大前提通常是数学公理或定理，这些公理和定理虽然被广泛接受，但其真实性往往难以通过演绎法本身来验证。一旦前提存在错误或不完备，那么基于这些前提推导出的结论也将失去可靠性。

现实世界中的几何问题往往复杂多变，而演绎法通常只能根据已知的前提推导出一个特定的结论。然而，在很多情况下，几何问题可能存在多种可能的答案或解决方案。演绎法无法涵盖所有可能的情况，因此在处理这类问题时可能会显得力不从心。几何证明往往是在理想化的条件下进行的，而现实世界中的几何问题往往受到各种不确定性和复杂性的影响。这些因素可能包括测量误差、材料变形、环境因素等。演绎法忽略了这些不确定性和复杂性，因此其结论在现实情况中可能难以完全适用。

在演绎法中，每一步推理都基于前一步的结论。如果前面的推理出现了一点偏差，那么随着推理的进一步进行，这种偏差会逐渐被放大，最终导致严重的错误。这种问题的累积效应使得演绎法在推理复杂问题时更容易出现错误。演绎法强调形式化的逻辑推理过程，但有时候这种推理过程可能过于抽象和脱离实际背景。在几何证明中，如果过于注重形式化的推理而忽视了几何图形的直观性和实际背景，那么可能会使得证明过程变得晦涩难懂且难以被接受。

（二）应对策略

为了克服演绎法在前提真实性方面的局限性，需要加强对前提真实性的验证工作。这包括对数学公理和定理的深入理解与探讨、通过实验或观察来验证前提的正确性等。同时，还需要保持谨慎和开放的态度，不断审视和更新的前提假设。为了弥补演绎法无法涵盖所有情况的局限性，可以结合归纳法等其他推理方法来

进行几何证明。归纳法通过观察和总结特殊情况来得出一般性结论，与演绎法形成互补。通过结合使用这两种方法，可以更全面地考虑几何问题的各种可能性并得出更可靠的结论。

为了应对现实世界中几何问题的不确定性和复杂性，需要在演绎推理过程中充分考虑这些因素。这包括在证明过程中引入误差范围、考虑材料变形和环境因素等。同时，还需要保持对现实世界的敏感性和洞察力以便及时调整和修正我们的推理过程。为了避免逻辑推理的累积效应导致的错误，需要加强逻辑推理的严谨性和准确性。这包括在推理过程中仔细检查和验证每一步的结论是否正确、是否存在逻辑上的漏洞或矛盾等。同时，我们还需要保持对推理过程的持续反思和改进以便不断提高我们的逻辑推理能力。

三、通过几何证明培养学生演绎推理能力的方法

要让学生充分认识到几何证明在数学学习中的重要性。几何证明不仅仅是为了得出一个结论，更重要的是通过证明过程来锻炼和提高学生的逻辑推理能力。一个严密的几何证明需要学生具备清晰的思路、严谨的逻辑和准确的表达，这些都是演绎推理能力的重要组成部分。在进行几何证明之前，学生需要掌握基本的几何知识和技巧，包括几何图形的性质、定理和定义等。这些知识和技巧是进行几何证明的基础，也是培养学生演绎推理能力的起点。教师可以通过课堂讲解、例题演示和练习等方式，帮助学生巩固和深化这些基本知识和技巧。

在几何证明中，演绎推理是从已知的前提（公理、定理、定义等）出发，通过逻辑推导得出新结论的过程。教师需要引导学生理解这个过程，让他们明白每一步的推理都是基于已知的前提和逻辑规则进行的。同时，教师还要教会学生如何识别和使用这些前提和规则，以便在证明过程中能够正确地运用演绎推理。

教师可以通过例题演示几何证明的方法，让学生了解几何证明的一般步骤和技巧。在演示过程中，教师要注重讲解每一步的推理过程和逻辑依据，让学生清楚地看到演绎推理在几何证明中的应用。同时，教师还可以鼓励学生尝试自己完成一些简单的证明题目，以便更好地掌握几何证明的方法和技巧。几何证明要求学生具备清晰的思路和严谨的逻辑，因此教师需要注重培养学生的逻辑思维和表达能力。在证明过程中，学生需要准确地使用数学语言来表达自己的思路和推理过程，这需要教师平时就注重对学生的语言表达进行训练和引导。同时，教师还可以通过一些逻辑训练题目来帮助学生提高逻辑思维能力。

在几何证明的学习中，自主探究和合作学习是非常重要的学习方式。教师可以鼓励学生自己尝试证明一些简单的几何题目，让他们在实践中锻炼演绎推理能力。同时，教师还可以组织学生进行小组合作学习，让他们一起探讨和解决几何证明中的难题，通过交流和讨论来共同提高演绎推理能力。在学习几何证明的过程中，反思和总结是非常重要的环节。教师需要引导学生对自己的证明过程进行反思和总结，让他们找出自己在推理过程中的不足之处，并思考如何改进和提高。同时，教师还可以组织学生对一些典型的几何证明题目进行归纳和总结，让他们总结出一些常用的证明方法和技巧。

为了让学生更好地理解和应用几何证明，教师可以将几何证明与实际生活相联系。例如，可以通过一些实际生活中的问题来引导学生运用几何证明进行解决，让他们感受到几何证明在实际生活中的应用价值。这样不仅可以提高学生的学习兴趣和积极性，还可以帮助他们更好地理解和掌握几何证明的方法和技巧。

第四节 演绎法在代数运算中的运用

一、演绎法在代数运算中的基本应用形式

在代数运算中，通过演绎法可以根据已知的代数规则和性质，推导出新的代数表达式或结论。

代数运算主要包括加、减、乘、除等基本运算，以及指数、对数、三角函数等高级运算。在进行代数运算时，通常需要遵循一定的运算规则和性质，如加法交换律、乘法分配律等。这些规则和性质正是演绎法应用的前提。代数表达式的化简是代数运算中的重要环节。通过化简，可以将复杂的代数表达式转化为更简单的形式，从而更容易地看出其数学结构和性质。演绎法在代数表达式化简中的应用，主要体现在根据已知的代数规则和性质，通过逻辑推导，逐步化简代数表达式。

代数方程的求解是代数运算中的另一个重要环节。通过求解代数方程，可以找出满足方程条件的未知数的值。演绎法在代数方程求解中的应用，主要体现在根据已知的代数规则和性质，通过逻辑推导，逐步求解代数方程。代数不等式的

证明是代数运算中的一个重要应用。通过证明代数不等式，可以得出关于未知数的取值范围或大小关系。演绎法在代数不等式证明中的应用，主要体现在根据已知的代数规则和性质，通过逻辑推导，证明代数不等式的成立。

代数函数是代数运算中的重要研究对象。通过研究代数函数的性质，可以更深入地了解函数的图像、定义域、值域等特征。演绎法在代数函数性质研究中的应用，主要体现在根据已知的代数规则和性质，通过逻辑推导，研究代数函数的性质。

尽管演绎法在代数运算中有着广泛的应用，但它也存在一定的局限性。例如，演绎法依赖于已知的前提和规则，如果前提或规则本身存在问题或不完善，那么演绎法的结论也可能受到影响。此外，演绎法在某些情况下可能过于烦琐或复杂，导致运算效率低下。

为了克服演绎法在代数运算中的局限性，可以采取以下应对策略：首先，加强对已知前提和规则的验证和审查，确保其正确性和完善性；其次，灵活运用演绎法与其他数学方法（如归纳法、类比法等）相结合，以提高代数运算的效率和准确性；最后，注重代数运算的直观性和实际背景，以便更好地理解和应用演绎法。

二、演绎法在代数运算中的推广与拓展

（一）演绎法在代数运算中的基础应用

在代数运算中，演绎法主要应用于从已知的前提、公理、定理或定义出发，通过严密的逻辑推导，得出关于特定代数问题的必然结论。这种应用方式贯穿于代数学习的始终，无论是基础的代数表达式化简、代数方程求解，还是高级的代数不等式证明、代数函数性质研究，都离不开演绎法的支持。

（二）演绎法在代数运算中的推广

演绎法不仅适用于基础的加法、减法、乘法、除法等运算，还可以推广到指数、对数、三角函数等高级运算中。例如，在证明对数运算的性质时，我们可以利用演绎法，从对数的定义出发，推导出对数运算的换底公式、对数和差公式等重要结论。

实数域中的代数运算规则和性质，往往可以通过演绎法推广到复数域中。例如，实数域中的加法交换律、乘法分配律等，在复数域中同样成立。这种推广不仅丰富了复数域中的代数运算理论，也为解决复数问题提供了有力的工具。演绎

法还可以从具体的代数运算推广到更抽象的代数结构中。这种推广使得演绎法在代数学的更广泛领域中发挥了重要作用。

（三）演绎法在代数运算中的拓展

随着计算机技术的发展，计算机代数系统（如 MATLAB、Maple 等）在代数运算中得到了广泛应用。演绎法与计算机代数的结合，使得我们能够利用计算机进行复杂的代数运算和逻辑推理，极大地提高了代数问题的求解效率和准确性。例如，可以利用计算机代数系统验证代数恒等式的正确性、求解复杂的代数方程等。代数几何是研究代数方程和几何图形之间关系的数学分支。在代数几何中，可以通过演绎法推导出代数方程所表示的几何图形的性质、位置关系等。例如，在证明椭圆的性质时，可以利用演绎法从椭圆的定义出发，推导出其焦点、长轴、短轴等性质。

抽象代数是研究代数结构的数学分支。在抽象代数中，可以通过演绎法研究群、环、域等代数结构的性质、分类以及相互之间的关系。例如，在证明群的同态定理时，需要利用演绎法从群的定义和性质出发，推导出同态映射的性质和存在性。

三、通过代数运算培养学生演绎推理能力的途径

（一）代数运算与演绎推理能力的关系

代数运算与演绎推理能力密切相关。在代数运算中，学生需要理解并运用代数的基本概念、公式和法则，进行推导和计算。这一过程需要学生具备严密的逻辑思维能力，遵循逻辑规则，从已知条件出发，逐步推导出结论。这种推导过程正是演绎推理的核心。因此，通过代数运算，可以有效地培养学生的演绎推理能力。

（二）通过代数运算培养演绎推理能力的途径

代数基本概念是代数运算的基础，也是演绎推理的起点。因此，教师需要重视代数基本概念的教学，确保学生准确理解并掌握这些概念。例如，在讲解方程的概念时，教师需要强调方程的定义、解法以及解的性质，使学生明确方程的本质和求解过程。这样，学生在后续的学习中就能够运用这些概念进行推导和计算，从而培养其演绎推理能力。

代数公式是代数运算的重要组成部分，也是演绎推理的重要工具。在教学过

程中，教师需要注重代数公式的推导过程，引导学生理解公式背后的逻辑和原理。例如，在讲解乘法公式时，教师可以先引导学生观察具体的乘法例子，然后逐步推导出乘法公式。这样，学生不仅能够掌握公式的运用，还能够理解公式的推导过程，从而培养其演绎推理能力。代数运算的训练是培养学生演绎推理能力的重要途径。通过大量的代数运算练习，学生可以熟悉代数运算的规则和技巧，提高其运算能力。同时，在运算过程中，学生需要遵循严格的逻辑规则进行推导和计算，从而培养其演绎推理能力。因此，教师需要加强代数运算的训练，设计多样化的练习题，让学生在实践中提高演绎推理能力。

实际问题往往具有复杂性和多样性，需要学生运用所学的代数知识和技巧进行分析和解决。在这个过程中，学生需要将实际问题转化为代数问题，建立代数模型，进行推导和计算。这种转化和解决的过程正是演绎推理的体现。因此，教师需要引导学生运用代数方法解决实际问题，培养其在实际问题中进行演绎推理的能力。

现代技术手段如计算机代数系统、数学软件等可以为学生提供更加直观、生动的代数运算体验。通过这些技术手段，学生可以更加深入地理解代数运算的规则和技巧，提高其运算能力。同时，这些技术手段还可以为学生提供更加丰富的代数问题和实践机会，让其在实践中提高其演绎推理能力。

第五章　数学建模思想

第一节　数学建模的基本概念与步骤

一、数学建模的定义及其在数学领域的重要性

（一）数学建模的定义

数学建模，简而言之，是通过数学的语言和方法，将现实世界中的复杂问题抽象化、简化为数学模型，进而求解模型以解决实际问题的过程。它不仅仅是一种技术或方法，更是一种独特的思维方式，体现了数学与现实世界的紧密联系。数学建模涉及将实际问题中的各种因素、关系及限制条件转化为数学符号、方程或程序，构建一个能够刻画问题本质的数学模型，并通过求解模型来预测、解释或控制实际现象。

（二）数学建模在数学领域的重要性

数学建模在数学领域的重要性不言而喻，它不仅是数学理论联系实际的桥梁，更是推动数学科学发展的重要动力。

数学建模过程中，需要对数学理论有深入的理解和灵活的运用。通过实际问题的抽象和建模，学生或研究者可以更加直观地感受到数学理论的强大力量，加深对数学概念、定理和方法的理解。同时，数学建模也是数学理论应用的重要途径之一，通过解决实际问题，可以检验数学理论的正确性和有效性，推动数学理论的不断完善和发展。数学建模涉及众多领域的问题，如自然科学、工程技术、经济金融、社会科学等。在建模过程中，需要综合运用数学、物理、化学、生物、经济等多学科的知识和方法。这种跨学科交叉融合不仅拓宽了数学的应用领域，也促进了不同学科之间的交流和合作。通过数学建模，可以揭示不同领域之间的

内在联系和共性规律，推动学科交叉融合和新兴学科的发展。

数学建模是一个充满挑战和创造性的过程。在建模过程中，需要面对各种复杂多变的问题和情境，需要运用创新思维和方法去探索和解决。这种创新能力的培养对于学生或研究者未来的发展和成长具有重要意义。同时，数学建模也是一种实践性很强的活动。通过实际操作和实验验证，可以提高学生的动手能力和实践能力，增强他们解决实际问题的能力。

随着新课程改革的深入推进，数学建模已成为数学教育的重要组成部分。将数学建模融入数学课程教学中，可以激发学生的学习兴趣和积极性，培养他们的自主学习能力和探究精神。同时，数学建模竞赛等活动也为学生提供了一个展示才华和锻炼能力的平台。这些活动的开展不仅丰富了数学教育的形式和内容，也推动了数学教育的改革与发展。

数学建模在社会经济发展中发挥着重要作用。通过数学建模可以预测市场走势、评估投资风险、优化资源配置等，为政府和企业提供科学依据和决策支持。例如，在金融领域，数学建模可以用于信用评级、风险管理等方面；在工程技术领域，数学建模可以用于优化设计方案、提高产品质量等方面。这些应用不仅提高了社会经济效益和生态效益，也推动了相关行业的创新和发展。

二、数学建模的基本步骤：问题识别、模型构建、求解与验证

数学建模是一种将现实世界中的复杂问题转化为数学问题，并通过数学方法进行求解的过程。它广泛应用于各个领域，如物理、工程、经济、生物等，为解决实际问题提供了有力的数学工具。数学建模的基本步骤包括问题识别、模型构建、求解与验证，下面将详细阐述这三个步骤。

（一）问题识别

问题识别是数学建模的第一步，也是至关重要的一步。在这一阶段，需要对实际问题进行深入细致的调查和研究，明确问题的背景、目标、约束条件等。

第一，了解问题的来源、背景以及相关的实际应用场景。这有助于我们更好地把握问题的本质和关键点。

第二，明确问题所要解决的具体目标，包括问题的主要关注点、期望的输出结果等。这有助于我们在后续步骤中更好地构建模型和求解。

第三，识别问题中存在的各种约束条件，包括物理、经济、社会等方面的限制。这些约束条件将对模型的构建和求解产生重要影响。

第四，收集与问题相关的数据，包括实验数据、统计数据、历史数据等。这些数据将为我们构建模型和验证模型提供重要的依据。

（二）模型构建

在问题识别的基础上，需要构建数学模型来刻画问题的本质。模型构建是数学建模的核心步骤，需要运用深厚的数学功底和敏锐的洞察力。

第一，要根据问题的特点和建模目的，选择合适的建模方法。常用的建模方法包括微分方程、差分方程、优化模型、统计模型等。

第二，在构建模型时，往往需要对实际问题进行一定的简化和抽象。因此，我们需要作出合理的假设，以忽略一些次要因素，突出问题的主要矛盾。

第三，运用数学符号和语言，将问题中的各种因素、关系及限制条件转化为数学表达式或方程，从而建立数学模型。这一步骤需要严谨的数学推导和逻辑分析。

第四，初步建立的模型可能并不完美，需要根据实际情况进行优化和调整。这包括修改假设、调整参数、改进模型结构等，以使模型更好地刻画实际问题。

（三）求解与验证

构建好数学模型后，需要对模型进行求解，并根据实际情况对求解结果进行验证和调整。这一步骤是数学建模的最终目的，也是检验模型有效性的重要环节。

第一，根据模型的类型和特点，选择合适的求解方法。常用的求解方法包括解析法、数值法、优化算法等。

第二，运用所选的求解方法对模型进行求解，得到模型的解或近似解。这一步骤需要借助数学软件和计算机技术来实现。

第三，对求解结果进行解释和分析，包括结果的物理意义、经济含义等。这有助于我们更好地理解问题的本质和模型的求解过程。

第四，将求解结果与实际情况进行对比，验证模型的准确性和有效性。如果模型存在误差或不符合实际情况，需要对模型进行进一步的调整和优化。

第五，将求解结果应用于实际问题中，为决策者提供科学依据。同时，也可以将模型推广到其他相关领域，为解决类似问题提供有力的数学工具。

三、数学建模与其他数学方法的关联与区别

数学建模作为数学与实际问题之间的桥梁，其过程涉及多种数学方法的应用与融合。

（一）数学建模与其他数学方法的关联

1. 关联性分析

数学建模与其他数学方法之间存在着紧密的关联性。数学建模与其他数学方法都建立在数学理论的基础之上，如微积分、线性代数、概率论与数理统计等。这些数学理论为数学建模提供了坚实的支撑，使得数学建模能够准确、有效地刻画实际问题。

数学建模过程中可能需要综合运用多种数学方法。例如，在构建模型时可能需要运用微分方程来描述系统的动态变化；在求解模型时可能需要运用数值方法或优化算法来找到问题的解；在验证模型时可能需要运用统计方法来评估模型的准确性和有效性。这些数学方法在数学建模过程中相互补充、相互促进，共同构成了数学建模的完整体系。

数学建模与其他数学方法一样，都具有广泛的应用领域。无论是自然科学、工程技术还是社会科学等领域的问题，都可能通过数学建模来求解。这种应用的广泛性使得数学建模成为连接数学与实际问题的重要纽带。

2. 具体关联示例

微积分是数学建模中常用的数学方法之一。通过微积分，可以建立描述系统动态变化的微分方程模型，进而求解模型以预测系统的未来状态。例如，在物理学中，通过牛顿第二定律可以建立物体的运动方程；在经济学中，通过边际效用理论可以建立消费者的需求函数等。

线性代数在数学建模中也扮演着重要角色。例如，在优化问题中，经常需要求解线性规划或非线性规划问题；在信号处理中，可能需要运用傅里叶变换来分析信号的频谱特性等。这些问题的解决都离不开线性代数的支持。概率论与数理统计在数学建模中同样具有重要意义。通过概率论与数理统计方法，可以对随机现象进行建模和分析，进而预测随机事件的概率分布和统计规律。例如，在风险管理领域，可以运用蒙特卡罗模拟方法来评估投资组合的风险；在质量控制领域，可以运用假设检验方法来判断产品是否合格等。

（二）数学建模与其他数学方法的区别

尽管数学建模与其他数学方法之间存在着紧密的关联性，但它们之间也存在一些明显的区别。

数学建模的主要目的是解决实际问题，强调将实际问题抽象化为数学模型并进行求解。而其他数学方法则可能侧重于数学理论本身的研究和发展，如纯数学中的数论、代数几何等领域的研究。因此，数学建模更加注重实用性和应用性，而其他数学方法则可能更加注重理论性和基础性。

数学建模的过程涉及多个步骤和多种方法的综合运用。在建模过程中，需要根据实际问题的特点和建模目的选择合适的数学方法，并进行适当的假设和简化。而其他数学方法则可能更加侧重于某一特定领域或问题的研究，如微分方程方法主要用于描述系统的动态变化；优化算法主要用于求解最优化问题等。因此，数学建模的过程更加复杂和灵活，需要综合运用多种数学方法和技巧。数学建模的结果通常是对实际问题的预测、解释或控制方案。这些结果需要结合实际情况进行解释和应用，以便为决策者提供科学依据。而其他数学方法的结果则可能更加侧重于数学理论本身的结论或性质，如某个定理的证明、某个公式的推导等。因此，数学建模的结果更加具有实用性和可操作性，而其他数学方法的结果则可能更加具有理论性和抽象性。

四、数学建模在培养学生创新思维中的作用

数学建模作为数学与实际问题之间的桥梁，不仅在数学学科中占据重要地位，更在培养学生的创新思维方面发挥着不可替代的作用。

（一）数学建模对培养学生创新思维的独特作用

数学建模的第一步往往是将实际问题抽象化为数学模型。这一过程要求学生从纷繁复杂的实际问题中提炼出关键信息，忽略次要因素，用数学语言进行描述。这种抽象思维能力的锻炼，有助于学生在面对新问题时，能够迅速抓住问题的本质，提出创新的解决方案。数学建模的核心是解决问题。在建模过程中，学生需要不断试错、调整模型，直到找到能够准确描述实际问题的数学模型。这一过程不仅锻炼了学生的问题解决能力，更让他们学会了如何面对失败，如何从失败中汲取教训，不断尝试新的方法。这种坚韧不拔、勇于创新的精神，正是创新思维的重要组成部分。

数学建模涉及多个学科的知识和方法。在实际建模过程中，学生可能需要运用微积分、线性代数、概率论与数理统计等数学知识，同时也可能需要了解物理、化学、生物等其他学科的基础知识。这种跨学科整合能力的提升，有助于学生在面对复杂问题时，能够从多个角度进行思考，提出跨学科的创新解决方案。数学建模往往涉及未知领域的探索。在建模过程中，学生可能会遇到许多前所未有的问题和挑战。这种对未知的探索和挑战，能够激发学生的好奇心和求知欲，培养他们勇于探索未知、敢于挑战权威的创新精神。

（二）数学建模在培养学生创新思维中的实践应用

在数学、物理、化学等学科的课堂教学中，教师可以引入数学建模的思想和方法，让学生在解决实际问题的过程中锻炼创新思维。例如，在物理学中，教师可以通过建立物体的运动方程，让学生理解并运用微积分知识来解决实际问题；在化学中，教师可以通过建立反应速率方程，让学生运用数学模型来预测和解释化学反应的过程。

课外科技活动是培养学生创新思维的重要平台。教师可以引导学生参与数学建模竞赛、科研项目等课外科技活动，让他们在实践中锻炼创新思维。例如，在数学建模竞赛中，学生需要针对实际问题进行建模、求解和验证，这一过程不仅能够锻炼他们的数学建模能力，更能够激发他们的创新思维。

跨学科项目是培养学生跨学科整合能力和创新思维的有效途径。教师可以引导学生参与跨学科项目，让他们在项目中运用数学建模的思想和方法来解决实际问题。例如，在环境科学项目中，学生可以运用数学模型来预测和评估不同环保政策对环境的影响；在经济学项目中，学生可以运用数学模型来分析和预测市场趋势等。

第二节　常见数学模型及其构建方法

一、优化模型：线性规划、非线性规划等及其构建方法

在数学建模与实际应用中，优化模型扮演着至关重要的角色。其中，线性规划和非线性规划作为两类基本的优化模型，被广泛应用于资源分配、生产计划、

投资决策等多个领域。

（一）线性规划

1. 基本概念

线性规划是一种数学优化方法，旨在通过线性目标函数和线性约束条件来寻找最优解。其基本形式可以表示为最大化或最小化一个线性目标函数，同时满足一组线性等式或不等式约束条件。线性规划的目标函数和约束条件中的变量关系均为线性，即不存在变量的平方、对数、指数等非线性关系。

2. 构建方法

构建线性规划模型通常遵循以下步骤：

第一，需要对实际问题进行深入分析，明确问题的目标和约束条件。例如，在生产计划问题中，目标可能是最大化总利润，约束条件可能包括原材料供应限制、生产能力限制等。

第二，根据问题分析结果，确定影响目标函数值的变量作为决策变量。决策变量通常是一组未知数，代表在优化过程中需要决策的量。

第三，根据问题的目标，建立关于决策变量的线性目标函数。目标函数是优化模型的核心，用于衡量决策方案的好坏。

第四，根据问题的约束条件，建立关于决策变量的线性等式或不等式约束。约束条件限制了决策变量的取值范围，确保优化方案在实际中可行。

第五，利用线性规划求解算法（如单纯形法、内点法等）对模型进行求解，得到最优解或近似最优解。

3. 应用实例

线性规划在生产计划、资源分配、运输问题等多个领域有着广泛的应用。例如，在生产计划问题中，企业可以根据市场需求、原材料供应、生产能力等约束条件，通过线性规划模型来确定最优的生产方案，以最大化总利润或最小化生产成本。

（二）非线性规划

1. 基本概念

非线性规划是一种求解目标函数或约束条件中包含非线性函数的优化问题的方法。与线性规划不同，非线性规划的目标函数或约束条件中至少有一个是决策变量的非线性函数。非线性规划在求解过程中通常更加复杂，因为非线性函数的性质使得求解过程可能不存在全局最优解，而只能找到局部最优解。

2. 构建方法

构建非线性规划模型同样遵循类似于线性规划的步骤，但在处理非线性关系时需要特别注意：

第一，与线性规划类似，首先需要对实际问题进行分析并确定决策变量。

第二，在建立目标函数和约束条件时，需要特别注意其中可能存在的非线性关系。这些非线性关系可能来源于实际问题中的物理、经济或社会规律。

第三，非线性规划的求解方法多种多样，包括梯度法、牛顿法、共轭梯度法、罚函数法等。由于非线性问题的复杂性，求解过程中可能需要多次迭代和调整参数以获得较好的近似解。

3. 应用实例

非线性规划在工程设计、经济分析、管理决策等多个领域有着广泛的应用。例如，在工程设计问题中，设计者需要根据材料性能、结构强度、制造成本等非线性约束条件来确定最优的设计方案；在经济分析问题中，决策者需要考虑投资收益率、风险水平等非线性因素来制定投资策略。

（三）优化模型的构建技巧与注意事项

在构建优化模型时，往往需要对实际问题进行合理简化。简化问题有助于降低模型的复杂度和求解难度，但同时也需要确保简化后的模型能够准确反映原问题的核心特征和关键约束条件。

目标函数和约束条件是优化模型的核心组成部分。在建立目标函数和约束条件时，需要确保它们的准确性和合理性。目标函数应该能够准确衡量决策方案的好坏；约束条件应该能够全面反映实际问题的限制条件。

不同的优化问题需要选择不同的求解算法。在选择求解算法时，需要考虑问题的规模、复杂度、非线性程度等因素。对于大规模或高度非线性的问题，可能需要采用启发式算法或智能优化算法来求解。在求解优化模型后，需要对模型的有效性和可靠性进行验证。这包括检查模型的解是否满足约束条件、目标函数值是否合理以及模型是否能够在实际应用中取得预期效果等。通过验证模型的有效性和可靠性，可以确保优化模型在实际问题中的应用价值。

二、统计模型：回归分析、时间序列分析等及其构建方法

统计模型作为数据分析与决策支持的重要工具，在科学研究、经济预测、企

业管理等领域发挥着关键作用。其中，回归分析和时间序列分析作为统计模型的两大支柱，以其独特的方法和广泛的应用场景，成为数据分析和决策过程中不可或缺的一部分。

（一）回归分析

1. 基本概念

回归分析是统计学中一种用于研究变量之间关系的预测模型。它通过分析一个或多个自变量（解释变量）对因变量（响应变量）的影响，建立数学模型来描述这种关系，并据此对因变量的未来值进行预测。回归分析的核心在于估计自变量与因变量之间的数学关系，即回归方程。

2. 构建方法

构建回归分析模型通常遵循以下步骤：

第一，需要收集与问题相关的数据，并进行必要的预处理，如缺失值处理、异常值检测与剔除、数据变换等，以确保数据的质量和准确性。

第二，根据问题的性质和数据的特点，选择合适的回归模型。常见的回归模型包括线性回归、多项式回归、逻辑回归等。在设定模型时，需要明确自变量和因变量，并假设它们之间存在一定的数学关系。

第三，利用最小二乘法或其他优化算法，对回归模型的参数进行估计。参数估计的目标是找到一组参数值，使得模型预测的误差平方和最小。

第四，通过残差分析、模型拟合优度检验等方法，对模型的合理性和有效性进行诊断与检验。如果模型存在异方差性、多重共线性等问题，需要进行相应的调整和优化。

第五，利用构建好的回归模型进行预测，并将预测结果应用于实际问题中。在预测过程中，需要注意模型的适用性和时效性，及时对模型进行更新和调整。

3. 应用实例

回归分析在市场营销、金融预测、医学研究等多个领域有着广泛的应用。例如，在市场营销中，企业可以利用回归分析模型分析广告投入与销售额之间的关系，从而制定有效的营销策略；在金融预测中，投资者可以利用回归分析模型预测股票价格的变化趋势，以指导投资决策。

（二）时间序列分析

1. 基本概念

时间序列分析是对按时间顺序排列的数据进行分析和预测的方法。它通过分析数据随时间变化的规律和特征，建立数学模型来描述和预测未来的数据走势。时间序列分析的核心在于识别数据中的趋势、季节变动、循环波动和不规则波动等要素，并据此建立合适的数学模型。

2. 构建方法

构建时间序列分析模型通常遵循以下步骤：

第一，与回归分析类似，首先需要收集时间序列数据并进行必要的预处理，如数据清洗、趋势分解等。

第二，根据数据的特性选择合适的时间序列模型。常见的时间序列模型包括自回归模型（AR）、移动平均模型（MA）、自回归移动平均模型（ARMA）、季节性自回归移动平均模型（SARIMA）等。在模型识别过程中，可以利用自相关系数和偏相关系数等统计量来辅助判断。

第三，利用最小二乘法或其他优化算法对模型的参数进行估计，并通过统计检验确定模型的阶数。在参数估计过程中，需要注意模型的稳定性和可靠性。

第四，通过残差分析、模型拟合优度检验等方法对模型的合理性和有效性进行诊断与检验。如果模型存在残差自相关等问题，需要进行相应的调整和优化。

第五，利用构建好的时间序列模型进行预测，并将预测结果应用于实际问题中。在预测过程中，需要注意数据的时效性和模型的适用性，及时对模型进行更新和调整。

3. 应用实例

时间序列分析在天气预报、股票价格预测、宏观经济分析等多个领域有着广泛的应用。例如，在天气预报中，气象学家可以利用时间序列分析模型分析历史气象数据的变化规律，从而预测未来的天气情况；在股票价格预测中，投资者可以利用时间序列分析模型分析股票价格的历史走势，以指导投资决策。

（三）统计模型构建中的注意事项

数据质量是模型有效性的基础。因此，在构建模型之前需要对数据进行充分的探索和预处理，确保数据的准确性、完整性和一致性。模型选择应根据问题的性质和数据的特点进行。不同的模型适用于不同的问题场景和数据类型，因此需要根据实际情况选择合适的模型。

参数估计是模型构建的关键步骤之一。在参数估计过程中需要选择合适的优化算法，并确保估计结果的稳定性和可靠性。同时还需要对模型进行必要的统计检验以验证其合理性和有效性。在模型构建过程中可能会出现各种问题如异方差性、多重共线性等。这些问题会影响模型的预测性能因此需要通过残差分析、模型拟合优度检验等方法对模型进行诊断与调整以改善其性能。

预测是统计模型的重要应用之一。在预测过程中需要注意数据的时效性和模型的适用性及时对模型进行更新和调整以确保预测结果的准确性和可靠性。

三、其他数学模型：图论模型、概率模型等及其构建策略

数学模型是数学在解决实际问题中的重要应用工具，它们通过抽象和简化的方式，将实际问题转化为数学问题，进而利用数学方法进行求解。除了常见的微分方程模型外，图论模型和概率模型也是非常重要的数学模型，它们在描述复杂系统、分析随机现象等方面具有独特的优势。

（一）图论模型及其构建策略

1. 基本概念

图论是研究由节点（或顶点）和连接节点的边组成的图形的数学分支。在图论中，图是一种抽象的数据结构，用于描述事物之间的关系。图论模型广泛应用于网络设计、社交网络分析、电路设计、生物信息学等领域。

图论模型的基本元素包括节点（表示对象或实体）、边（表示对象之间的关系）以及可能附加在节点或边上的权重（表示关系的强度或成本）。根据边的方向性，图可以分为有向图和无向图；根据是否允许存在环（即从一个节点出发沿边回到该节点的路径），图可以分为简单图和复杂图。

2. 构建策略

构建图论模型通常遵循以下策略：

第一，需要深入理解所研究问题的实际背景，明确问题中涉及的对象（节点）和对象之间的关系（边）。

第二，根据问题背景，将对象抽象为节点，将对象之间的关系抽象为边。如果关系具有方向性（如信息流、物流等），则构建有向图；否则，构建无向图。

第三，如果问题中需要考虑关系的强度或成本（如距离、时间、费用等），

则可以在边上附加权重。权重的引入可以使图论模型更加精确地描述实际问题。

第四，明确图论模型需要解决的问题目标，如寻找最短路径、最大流、最小生成树等。问题目标的定义将指导后续的图论算法选择和求解过程。

第五，根据问题目标和图论模型的特点，选择合适的图论算法进行求解。常见的图论算法包括 Floyd 算法、Dijkstra 算法、Prim 算法、Kruskal 算法等。

3. 应用实例

图论模型在多个领域有着广泛的应用。例如，在网络设计中，可以利用图论模型来优化网络结构、提高网络效率；在社交网络分析中，可以利用图论模型来识别社群结构、预测信息传播趋势；在电路设计中，可以利用图论模型来优化布线方案、降低能耗成本。

（二）概率模型及其构建策略

1. 基本概念

概率模型是用于描述随机现象的数学模型。在概率模型中，随机事件被赋予一定的概率值，以表示该事件发生的可能性大小。概率模型广泛应用于风险评估、决策分析、统计推断等领域。

概率模型的基本元素包括样本空间（所有可能事件的集合）、事件（样本空间的子集）、概率（事件发生的可能性大小）。根据概率的定义和性质，可以推导出各种概率公式和定理，如加法公式、乘法公式、全概率公式、贝叶斯公式等。

2. 构建策略

构建概率模型通常遵循以下策略：

第一，需要明确所研究的随机现象是什么，包括涉及的随机变量、可能的事件以及事件的概率分布等。

第二，根据随机现象的特点，定义样本空间（所有可能结果的集合）和事件（样本空间的子集）。样本空间和事件的定义应尽可能全面且准确。

第三，根据历史数据、专家经验或理论推导等方法，确定随机变量的概率分布。常见的概率分布包括二项分布、正态分布、泊松分布等。

第四，利用概率分布和其他概率公式或定理，构建描述随机现象的概率模型。概率模型应能够准确地反映随机现象的特点和规律。

第五，利用构建好的概率模型进行概率分析和推断，以评估风险、制定决策或进行统计推断等。

3. 应用实例

概率模型在多个领域有着广泛的应用。例如，在风险评估中，可以利用概率模型来估计自然灾害、金融风险等的发生概率和影响程度；在决策分析中，可以利用概率模型来比较不同方案的期望收益和风险水平；在统计推断中，可以利用概率模型来估计总体参数、检验假设等。

（三）构建策略的综合考虑

明确问题的实际需求是构建数学模型的首要任务。只有深入了解问题的背景、目标和约束条件，才能构建出符合实际需求的数学模型。数据的可用性和质量对构建数学模型具有重要影响。在构建概率模型时，需要收集足够的历史数据或进行充分的实验观测；在构建图论模型时，则需要准确描述节点和边之间的关系以及可能的权重信息。

模型的复杂度和可解性是构建数学模型时需要考虑的重要因素。过于复杂的模型可能导致求解困难甚至无法求解；而过于简单的模型则可能无法准确描述实际问题。因此，需要在模型的复杂度和可解性之间找到平衡点。构建好的数学模型需要进行验证和评估以确保其有效性和可靠性。验证和评估的方法包括与实际情况进行对比、利用模拟数据进行测试以及进行灵敏度分析等。

第三节　数学建模的误差分析与优化

一、数学建模中误差的来源：数据误差、模型误差等

数学建模作为一种强大的工具，在科学研究、工程实践以及社会经济的众多领域中发挥着不可替代的作用。它通过将实际问题抽象化、符号化，进而构建数学模型，以求解和解释现实世界中的复杂现象。然而，在数学建模的过程中，误差的存在是一个不容忽视的问题。

（一）数据误差

数据是数学建模的基石，其质量和准确性直接影响到模型的可靠性和预测能力。数据误差主要来源于以下几个方面：

测量误差：在实际问题中，许多数据是通过测量得到的，而测量过程往往受

到仪器精度、环境条件、人为因素等多种因素的影响，从而导致测量结果与真实值之间存在偏差。

记录误差：在数据收集、整理和记录的过程中，由于人为的疏忽、记录设备的故障或数据传输的错误，可能导致数据的失真或丢失。

样本误差：在统计学中，样本是从总体中随机抽取的一部分个体。由于样本的随机性，样本数据可能与总体数据存在一定的差异，这种差异就是样本误差。

处理误差：在数据预处理阶段，如数据清洗、转换、归一化等过程中，可能由于算法的选择、参数的设置不当而引入误差。

数据误差对数学建模的影响是显著的。它可能导致模型参数的估计不准确，进而影响模型的预测精度和解释能力。为了降低数据误差的影响，可以采取以下措施：提高测量仪器的精度，改善测量环境，减少人为干扰。加强数据记录和管理，确保数据的完整性和准确性。采用合适的抽样方法和样本量，以减小样本误差。优化数据预处理算法，合理选择参数，减少处理误差。

（二）模型误差

模型误差是指由于数学模型本身的不完善或简化而导致的误差。在数学建模中，为了简化问题，往往需要对实际问题进行抽象和假设，这可能导致模型无法完全反映现实世界的复杂性。模型误差主要来源于以下几个方面：

假设误差：在构建数学模型时，为了简化问题，通常需要做出一些假设。这些假设可能与实际情况存在一定的偏差，从而引入假设误差。

结构误差：数学模型的结构可能无法完全捕捉实际问题的所有重要特征。例如，线性模型可能无法准确描述非线性关系，从而导致结构误差。

参数误差：在模型参数估计过程中，由于数据的不完善或估计方法的不当，可能导致参数值的偏差，进而产生参数误差。

近似误差：在某些情况下，为了求解方便，可能需要对数学模型进行近似处理。这种近似处理可能引入近似误差。

模型误差对数学建模的影响同样不容忽视。它可能导致模型的预测结果与实际情况存在较大的偏差，降低模型的实用性和可靠性。为了降低模型误差的影响，可以采取以下措施：深入分析问题背景，尽量减少不必要的假设，使模型更加贴近实际。选择合适的模型结构，以更好地捕捉实际问题的特征。采用先进的参数估计方法和技术，提高参数估计的准确性。对模型进行验证和修正，通过对比实际数据和模型预测结果，不断调整和优化模型。

（三）其他误差来源

除了数据误差和模型误差外，数学建模中还可能存在其他误差来源，如计算误差、舍入误差等。这些误差虽然相对较小，但在某些情况下也可能对建模结果产生一定的影响。为了降低这些误差的影响，可以采取高精度计算方法、优化算法参数等措施。

（四）误差的综合影响与应对策略

在数学建模中，误差的来源是多方面的，且各种误差之间可能相互交织、相互影响。因此，在建模过程中需要综合考虑各种误差的影响，并采取相应的应对策略。具体来说，可以采取以下措施：

误差分析：在建模过程中，对各种可能的误差来源进行系统的分析和评估，明确误差的来源和大小。

误差控制：针对不同的误差来源，采取相应的控制措施，如提高数据质量、优化模型结构、改进计算方法等。

模型验证：通过对比实际数据和模型预测结果，对模型进行验证和评估，确保模型的准确性和可靠性。

模型修正：根据误差分析的结果和模型验证的反馈，对模型进行必要的修正和调整，以提高模型的预测精度和解释能力。

二、数学建模中误差的分析方法：敏感性分析、稳定性分析等

在数学建模过程中，误差的存在是不可避免的，而如何有效地分析这些误差对模型结果的影响，是确保模型准确性和可靠性的关键。敏感性分析和稳定性分析作为两种重要的误差分析方法，在数学建模中发挥着至关重要的作用。

（一）敏感性分析

敏感性分析是研究与分析一个系统（或模型）的状态或输出变化对系统参数或周围条件变化的敏感程度的方法。在数学建模中，敏感性分析主要用于评估模型参数的不确定性对模型结果的影响，从而识别出对模型结果影响较大的关键参数，为模型的优化和决策提供科学依据。

1. 敏感性分析的基本步骤

第一，明确需要分析的模型及其输出变量。

第二，根据问题的实际背景，选择可能对模型结果产生显著影响的参数。

第三，为每个选定的参数设定合理的变化范围，以模拟参数的不确定性。

第四，在参数的不同取值下，计算模型的输出变量。

第五，通过比较不同参数取值下模型输出的变化程度，评估各参数对模型结果的敏感性。

2. 敏感性分析的方法

单变量敏感性分析：每次只改变一个参数的值，保持其他参数不变，观察模型输出的变化。这种方法简单易行，但无法考虑参数之间的相互作用。

多变量敏感性分析：同时改变多个参数的值，观察模型输出的变化。这种方法能够更全面地评估参数的不确定性对模型结果的影响，但计算量较大，实现起来较为复杂。

3. 敏感性分析的应用

敏感性分析在数学建模中具有广泛的应用。例如，在经济学中，可以利用敏感性分析评估不同经济指标对政策变化的敏感性；在环境科学中，可以利用敏感性分析评估不同环境因子对生态系统稳定性的影响；在工程领域，可以利用敏感性分析优化设计方案，提高系统的鲁棒性。

（二）稳定性分析

稳定性分析是研究系统（或模型）在受到外部扰动或内部参数变化时，能否保持其性能或状态不变的能力。在数学建模中，稳定性分析主要用于评估模型在不确定环境下的可靠性，确保模型在实际应用中能够稳定运行。

1. 稳定性分析的基本类型

李雅普诺夫稳定性：利用李雅普诺夫函数来判断系统的稳定性。如果系统存在一个正定的李雅普诺夫函数，且该函数的时间导数负定，则系统稳定。

输入输出稳定性：研究系统在给定输入下，输出是否保持在有界范围内。这种方法适用于控制系统和信号处理等领域。

渐近稳定性：当时间趋于无穷大时，系统的状态趋于某一平衡点或某一轨迹，则称系统渐近稳定。

2. 稳定性分析的方法

解析法：通过求解系统的微分方程或差分方程，直接分析系统的稳定性。这种方法适用于简单系统或具有解析解的系统。

数值法：利用数值仿真技术，模拟系统在不同扰动下的响应，通过观察系统输出的变化来判断系统的稳定性。这种方法适用于复杂系统或无法求解解析解的系统。

3. 稳定性分析的应用

稳定性分析在数学建模中具有广泛的应用。例如，在控制系统中，可以利用稳定性分析设计控制器参数，确保系统在各种工况下都能稳定运行；在生态学中，可以利用稳定性分析评估生态系统的抗干扰能力，为生态保护提供科学依据；在经济学中，可以利用稳定性分析评估金融市场的稳定性，为金融监管提供决策支持。

（三）敏感性分析与稳定性分析的综合应用

在实际数学建模过程中，敏感性分析和稳定性分析往往是相互补充、相互促进的。通过敏感性分析可以识别出对模型结果影响较大的关键参数，为模型的优化和决策提供科学依据，将敏感性分析与稳定性分析相结合，可以更加全面、深入地分析数学模型的误差来源和影响，提高模型的准确性和可靠性。

具体来说，可以先通过敏感性分析找出关键参数，然后针对这些参数进行稳定性分析，评估模型在参数变化时的稳定性表现。如果发现模型在某些参数变化下稳定性较差，可以进一步调整模型结构或参数取值，以提高模型的鲁棒性。同时，还可以利用敏感性分析的结果来指导数据采集和实验设计，提高数据的准确性和可靠性，从而进一步降低模型误差。

三、数学建模中误差的优化策略：参数调整、模型改进等

在数学建模过程中，误差是不可避免的存在，它可能来源于数据的测量、记录和处理，也可能来源于模型本身的假设、结构和参数。为了提高模型的准确性和可靠性，需要采取一系列优化策略来降低误差的影响。

（一）参数调整

参数调整是数学建模中常用的一种误差优化策略。通过合理地调整模型的参数，可以使模型更加贴近实际，从而降低误差。

参数估计是通过一定的数学方法，根据样本数据来估计模型参数的值。常用

的参数估计方法包括最小二乘法、最大似然估计法、贝叶斯估计法等。这些方法各有优缺点，需要根据具体问题的背景和数据的特性来选择合适的方法。

在进行参数调整之前，需要对模型的参数进行敏感性分析。敏感性分析可以帮助我们了解参数的变化对模型结果的影响程度，从而确定哪些参数是关键参数，哪些参数对模型结果的影响较小。对于关键参数，需要进行更加精细的调整。参数优化算法是用于求解模型参数最优值的数学方法。常用的参数优化算法包括梯度下降法、牛顿法、拟牛顿法等。这些算法可以通过迭代计算来逐步逼近参数的最优值，从而降低模型的误差。在参数调整过程中，还需要考虑参数的鲁棒性。鲁棒性是指模型在参数发生一定变化时，仍能保持其性能和稳定性的能力。通过进行参数的鲁棒性分析，可以评估模型在不同参数取值下的表现，从而确定参数的合理取值范围。

（二）模型改进

除了参数调整外，模型改进也是降低数学建模误差的重要策略。通过改进模型的结构、假设和算法，可以提高模型的准确性和适用性。

模型结构的改进是指对模型的基本框架和组成部分进行优化和调整。例如，可以增加或删除模型的某些变量，改变变量的关系式，或者采用更加复杂的模型结构来更好地描述实际问题的特征。通过改进模型结构，可以提高模型的拟合度和预测能力。在数学建模过程中，往往需要对实际问题进行一定的假设和简化。然而，这些假设可能并不完全符合实际情况，从而导致模型误差。因此，可以尝试放松一些假设条件，使模型更加贴近实际。例如，可以考虑非线性关系、时变参数、随机扰动等因素对模型的影响。

模型算法的改进是指采用更加先进和高效的算法来求解模型。例如，可以采用优化算法、机器学习算法、深度学习算法等来提高模型的求解速度和准确性。通过改进模型算法，可以更好地处理大规模数据和复杂问题，从而提高模型的实用性和可靠性。在模型改进过程中，还需要对模型进行验证和修正。验证是指通过对比实际数据和模型预测结果来评估模型的准确性和可靠性。修正可以包括对模型参数的调整、对模型结构的改进、对模型假设的放松等。通过不断的验证和修正，可以逐步优化模型并降低误差。

在实际数学建模过程中，参数调整和模型改进往往是相互交织、相互促进的，需要根据具体问题的背景和数据的特性来选择合适的优化策略，并综合运用这些策略来降低误差。

四、提高学生数学建模误差分析与优化能力的实践方法

（一）理论与实践相结合的教学方法

在教学过程中，教师应首先向学生强调误差分析在数学建模中的重要性。通过具体案例，展示误差如何影响模型的准确性和可靠性，从而使学生认识到进行误差分析的必要性。

在理论讲解阶段，教师应详细介绍误差的来源、类型以及常用的误差分析方法，如敏感性分析、稳定性分析等。同时，通过实例演示，让学生直观地了解如何在实际建模过程中应用这些方法。

理论讲解和实例演示后，教师应安排足够的动手实践时间，让学生亲自进行数学建模和误差分析。通过实践，学生可以更加深入地理解误差分析的方法，并学会如何将其应用于实际问题中。

（二）多样化的教学手段

利用现代教学技术，如多媒体课件、在线课程、虚拟实验室等，可以为学生提供更加丰富、直观的学习资源。这些技术可以帮助学生更好地理解误差分析的复杂概念，并提高他们的学习兴趣和积极性。

小组讨论和合作学习可以促进学生之间的交流与合作，共同解决数学建模和误差分析中的问题。通过互相讨论和分享经验，学生可以更加深入地理解误差分析的方法，并学会如何将其应用于实际问题中。通过举办数学建模竞赛和研讨会，可以为学生提供更多的实践机会和交流平台。在竞赛中，学生可以锻炼自己的数学建模和误差分析能力，并学会如何在有限的时间内解决问题。在研讨会上，学生可以听取专家的讲座，了解最新的研究进展和应用案例，从而拓宽自己的视野。

（三）强化学生的实践能力和创新思维

通过参与实际项目，学生可以亲身体验数学建模和误差分析的全过程。在实际项目中，学生需要面对各种复杂的问题和挑战，这可以锻炼他们的实践能力和解决问题的能力。同时，通过与实际问题的紧密结合，学生可以更加深入地理解数学建模和误差分析的应用价值。

在数学建模和误差分析过程中，创新思维是非常重要的。教师应鼓励学生勇

于尝试新的方法和思路，不拘泥于传统的思维模式。通过培养学生的创新思维，可以使他们在面对复杂问题时能够提出更加独特和有效的解决方案。每个学生都有自己的学习特点和优势领域。教师应根据学生的个体差异提供个性化的指导和反馈。通过了解学生的学习需求和困难点，教师可以为他们提供更加有针对性的建议和帮助，从而促进他们在数学建模和误差分析方面的个性化发展。

（四）建立完善的评价体系

在评价学生的数学建模和误差分析能力时，应采用多元化的评价标准。除了传统的考试成绩外，还应考虑学生的实践能力、创新思维、团队合作能力等方面。通过多元化的评价标准，可以更加全面地评估学生的综合能力和发展潜力。

在数学建模和误差分析过程中，学生的思考过程和实践过程是非常重要的。因此，在评价时应注重过程评价，关注学生在建模过程中的思路、方法以及遇到的问题和解决方案。通过过程评价，可以更加准确地了解学生的学习情况和进步程度。自我评价和反思是学生自我提升的重要途径。教师应鼓励学生定期进行自我评价和反思，总结自己在数学建模和误差分析过程中的得失和经验教训。通过自我评价和反思，学生可以更加清晰地认识自己的优势和不足，并制定更加有针对性的学习计划和发展目标。

第四节　数学建模在解决实际问题中的应用

一、数学建模在解决实际问题中的优势与局限性

数学建模作为连接数学理论与实际问题的桥梁，具有独特的优势和一定的局限性。在实际问题的解决过程中，数学建模通过抽象、简化和形式化，将复杂的问题转化为数学模型，进而利用数学方法进行求解和分析。

（一）数学建模的优势

数学建模能够将实际问题中的关键因素和关系抽象出来，形成精确的数学模型。这种精确的描述有助于我们更深入地理解问题的本质和规律。同时，数学模型作为分析工具，能够对问题进行量化分析，提供准确的预测和解释。

实际问题往往涉及众多因素和复杂的相互关系，直接处理起来非常困难。数

学建模通过忽略次要因素、突出主要因素，将复杂问题简化为易于处理的数学模型。这种简化不仅有助于问题的求解，还能够揭示问题的核心结构和关键影响因素。数学建模作为一种通用的语言，能够促进不同学科之间的交流与合作。不同领域的专家可以通过数学模型进行沟通和协作，共同解决复杂问题。这种跨学科的合作有助于综合各领域的知识和方法，推动问题的解决和创新。

数学建模在决策和优化领域具有广泛应用。通过建立数学模型，可以对不同的决策方案进行评估和比较，选择最优方案。同时，数学模型还可以用于优化问题的求解，如资源分配、路线规划等，提供科学的决策依据。

（二）数学建模的局限性

数学建模过程中往往需要对实际问题进行简化和假设，以构建可行的数学模型。然而，这种简化和假设可能导致模型与实际问题之间的失真。忽略某些重要因素或简化复杂关系可能导致模型的预测结果不准确或无法反映实际问题的全部特征。

数学建模依赖于准确的数据输入。然而，在实际问题中，数据的获取和处理可能面临诸多挑战。数据可能不完整、不准确或存在噪声，这会影响数学模型的准确性和可靠性。此外，对于某些问题，可能缺乏足够的数据来支持数学建模。一些数学问题可能具有极高的计算复杂性，需要大量的计算资源和时间。在实际应用中，由于资源限制和时间约束，可能无法获得精确的解或需要在可接受的时间内找到近似解。这种计算复杂性和资源限制可能限制数学建模在实际问题中的应用范围。

数学模型的可解释性和可接受性对于实际应用至关重要。然而，一些复杂的数学模型可能难以解释和理解，导致其在实际应用中的受限。此外，即使数学模型在理论上有效，也可能由于与实际问题的背景、价值观或利益相关者的期望不符而被拒绝或忽视。

二、数学建模在跨学科研究中的应用与推广

在当今这个知识爆炸的时代，跨学科研究已成为推动科学进步和社会发展的重要力量。数学建模，它不仅能够帮助不同领域的学者用数学语言描述和分析问题，还能促进学科间的融合与创新。

（一）数学建模在跨学科研究中的应用

物理学和工程学是数学建模应用最为广泛的领域之一。在物理学中，数学建模被用于描述自然现象的规律和特性，如量子力学、相对论等复杂理论的建立都离不开数学模型的支撑。而在工程学中，数学建模则是解决工程设计、优化和控制等问题的关键工具。例如，在航空航天领域，通过数学建模可以模拟飞行器的气动性能、结构强度等，为飞行器的设计和优化提供科学依据。此外，物理学与工程学的融合还体现在许多交叉学科中，如生物医学工程、环境科学工程等。这些学科通过数学建模将物理学原理应用于工程实践中，解决了一系列复杂的实际问题。

经济学与管理学作为社会科学的重要分支，也广泛采用了数学建模方法。在经济学中，数学建模被用于分析市场供需关系、预测经济趋势、评估政策效果等。通过建立经济模型，经济学家可以对复杂的经济现象进行量化分析，为政策制定提供科学依据。而在管理学中，数学建模则被用于优化资源配置、提高生产效率、降低运营成本等方面。例如，在生产调度问题中，通过建立数学模型可以求解最优的生产计划，实现资源的最大化利用。

生物学与医学是数学建模应用的另一个重要领域。在生物学中，数学建模被用于描述生物体的生长、繁殖、进化等过程，揭示生命现象的本质和规律。通过建立生物数学模型，生物学家可以预测生物种群的动态变化、分析生态系统的稳定性等。而在医学中，数学建模则被用于疾病预测、药物研发、治疗方案优化等方面。例如，在传染病研究中，通过建立传染病传播模型可以预测疫情的发展趋势并制定相应的防控措施；在药物研发中，通过数学建模可以优化药物剂量和给药方案以提高治疗效果并降低副作用。

（二）数学建模在跨学科研究中的推广策略

跨学科研究与推广离不开跨学科教育与培训的支持。高校和科研机构应加强对学生的跨学科教育，培养他们的跨学科思维和能力。通过开设跨学科课程、组织跨学科研讨会等方式，引导学生了解不同学科的知识和方法，促进学科间的交流与融合。同时，还应加强对教师的跨学科培训，提高他们的跨学科研究能力和教学水平。

跨学科研究平台的建设是推广数学建模应用的重要途径。通过搭建跨学科研究平台，可以汇聚不同领域的专家和学者，共同开展跨学科研究项目。这些平台可以提供必要的研究设施和资源支持，促进学科间的合作与交流。同时，还可以通过举办跨学科竞赛、展览等活动，展示跨学科研究成果并激发更多人的兴趣和参与热情。

产学研合作是推动数学建模在跨学科研究中应用的有效方式。通过加强与企业、产业界的合作与交流，可以了解实际需求并推动数学建模在实际问题中的应用。企业可以借助数学建模方法解决生产、管理等方面的实际问题；而学术界则可以通过与企业合作获得更多实际数据和案例支持，推动跨学科研究的深入发展。

数学建模工具与方法的推广也是跨学科研究中的重要环节。随着计算机技术和软件技术的不断发展，出现了许多优秀的数学建模工具和软件。这些工具和软件具有强大的计算能力和可视化功能，可以大大降低数学建模的难度和门槛。因此，应加强对这些工具和软件的推广和应用培训，让更多的人了解和掌握数学建模方法并应用于实际问题中。

第五节　培养学生的数学建模能力

一、数学建模能力的培养途径：课堂教学、实践训练、竞赛参与等

为了全面培养学生的数学建模能力，我们可以通过课堂教学、实践训练、竞赛参与等多种途径来实现这一目标。

（一）课堂教学：奠定坚实的理论基础

课堂教学是数学建模能力培养的起点和基础。在数学建模的课程中，教师应注重数学基础理论的讲解，包括微积分、线性代数、概率统计等核心课程的内容。这些基础知识是数学建模的基石，学生只有掌握了这些基础知识，才能更好地理解和应用数学模型。

同时，课堂教学还应注重数学建模方法的介绍。教师应详细讲解如何识别问题的关键因素、如何确定变量和参数、如何建立数学关系式等。通过学习这些方法和技巧，学生可以更加熟练地运用数学知识解决实际问题。此外，课堂教学还可以引入实际案例，让学生在学习理论知识的同时，了解数学建模在实际问题中的应用。通过案例分析，学生可以更加深入地理解数学模型的实际意义，提高他

们的学习兴趣和积极性。

（二）实践训练：提升解决实际问题的能力

实践训练是数学建模能力培养的重要环节。通过实践训练，学生可以将理论知识应用于实际问题中，通过实践来检验和完善他们的数学模型。

实践训练可以通过多种方式实现，如参与科研项目、进行实地考察、完成数学建模作业等。在科研项目中，学生可以接触到更多的实际问题，锻炼他们的数学建模能力和团队协作能力。实地考察可以让学生更加深入地了解实际问题的背景和需求，为建立数学模型提供更加准确的数据和信息。数学建模作业则可以让学生在实际操作中熟悉数学建模的流程和方法。在实践训练中，教师应注重引导学生的反思和总结。学生需要思考他们在实践过程中遇到的问题和困难，以及如何解决这些问题。通过反思和总结，学生可以更加深入地理解数学建模的实际应用，提高他们的实践能力。

（三）竞赛参与：培养创新思维和竞技能力

竞赛参与是数学建模能力培养的重要途径之一。在竞赛中，学生需要面对更加复杂和具有挑战性的实际问题。他们需要在有限的时间内建立数学模型，并进行求解和分析。这个过程需要学生充分发挥他们的创新思维和竞技能力。通过竞赛的锻炼，学生可以更加熟练地运用数学知识解决实际问题，提高他们的数学建模水平和创新能力。同时，竞赛参与还可以培养学生的团队协作能力和竞技精神。在竞赛中，学生需要与队友紧密合作，共同面对挑战。他们需要相互支持、相互鼓励，共同追求最好的成绩。这个过程可以锻炼学生的团队协作能力和竞技精神，为他们的未来发展打下坚实的基础。

（四）综合培养：课堂教学、实践训练与竞赛参与的融合

在数学建模能力的培养过程中，课堂教学、实践训练和竞赛参与是相互依存、相互促进的。课堂教学为学生奠定坚实的理论基础；实践训练让学生将理论知识应用于实际问题中，提升他们的实践能力；竞赛参与则进一步培养学生的创新思维和竞技能力。

为了实现综合培养的目标，教师可以采用多种教学方法和手段。例如，在课堂教学中引入实际案例和数学建模软件的使用；在实践训练中注重学生的反思和总结；在竞赛参与中引导学生发挥创新思维和团队协作能力。同时，教师还可以

利用信息技术手段来提高学生的学习效率和兴趣。例如，利用多媒体教学和网络教学资源来丰富课堂教学内容；利用数学建模软件来辅助学生进行实践训练和竞赛准备。

二、数学建模能力的培养方法：案例教学、项目驱动、合作学习等

为了全面培养学生的数学建模能力，可以采用案例教学、项目驱动、合作学习等多种方法。这些方法不仅有助于学生掌握扎实的数学理论知识，还强调学生的实践能力与创新思维的培养。

（一）案例教学：理论与实践的桥梁

案例教学是一种通过具体案例来引导学生学习和掌握知识的教学方法。在数学建模能力的培养中，案例教学具有独特的优势。

首先，案例教学可以将抽象的数学理论与具体的实际问题相结合。通过案例，学生可以更加直观地理解数学理论在实际问题中的应用，从而加深对数学理论的理解和掌握。其次，案例教学可以引导学生进行分析和解决问题的思考过程。在案例教学中，教师需要引导学生对案例进行深入的分析和思考，找出问题的关键因素，确定变量和参数，建立数学关系式等。这个过程可以帮助学生锻炼他们的分析问题和解决问题的能力。最后，案例教学还可以培养学生的创新意识和实践能力。通过案例教学，学生可以接触到更多的实际问题，了解数学建模在实际问题中的应用。同时，学生还可以尝试运用不同的数学理论和方法来解决问题，从而培养他们的创新意识和实践能力。

（二）项目驱动：实践能力的提升

项目驱动是一种通过实际项目来引导学生学习和掌握知识的教学方法。在数学建模能力的培养中，项目驱动具有重要的作用。

首先，项目驱动可以让学生在实际项目中运用所学的数学知识。通过参与实际项目，学生可以将所学的数学知识应用于实际问题中，通过实践来检验和完善他们的数学模型。其次，项目驱动可以培养学生的团队协作能力和沟通能力。在实际项目中，学生需要与团队成员进行紧密的合作和沟通，共同面对挑战并解决问题。这个过程可以锻炼学生的团队协作能力和沟通能力，为他们的未来发展打下坚实的基础。最后，项目驱动还可以培养学生的创新意识和竞技能力。在实

际项目中，学生需要不断尝试新的思路和方法来解决问题。通过项目的锻炼，学生可以更加熟练地运用数学知识解决实际问题，提高他们的数学建模水平和创新能力。

（三）合作学习：团队协作与知识共享

合作学习是一种通过学生之间的合作和互助来学习和掌握知识的教学方法。在数学建模能力的培养中，合作学习也具有重要的作用。

首先，合作学习可以促进学生之间的知识共享和交流。在合作学习中，学生可以相互分享他们的知识和经验，从而拓宽他们的视野和思路。同时，学生还可以从其他同学身上学到不同的解题方法和思路，从而提高他们的解题能力。其次，合作学习可以培养学生的团队协作能力和领导能力。在合作学习中，学生需要共同面对挑战并解决问题。这个过程需要学生进行紧密的合作和协调，同时还需要有人站出来领导团队并做出决策。这个过程可以锻炼学生的团队协作能力和领导能力。最后，合作学习还可以培养学生的创新意识和批判性思维。在合作学习中，学生可以相互讨论和辩论不同的问题和解决方案。这个过程可以激发学生的创新意识和批判性思维，从而提高他们的数学建模能力和创新能力。

三、评估学生数学建模能力的标准与方式

数学建模作为连接数学理论与实际问题的桥梁，在当今社会具有极其重要的应用价值。为了全面、准确地评估学生的数学建模能力，我们需要建立一套科学、合理的评估标准和多样化的评估方式。这不仅有助于学生自我认知和提升，也为教师提供了有效的教学反馈和指导依据。

（一）评估学生数学建模能力的标准

理论知识掌握程度：评估学生对数学建模所需数学基础理论的掌握程度，包括微积分、线性代数、概率统计等核心课程的内容。学生需要能够熟练运用这些理论知识进行建模。

问题分析与识别能力：评估学生面对实际问题时，能否准确识别问题的关键因素，确定变量和参数，以及理解问题的实际背景和需求。这是数学建模的第一步，也是至关重要的一步。

模型建立与求解能力：评估学生根据问题分析结果，建立合理数学模型的能力，以及运用数学方法和工具进行求解的能力。这包括模型的准确性、合理性和

求解的有效性。

结果分析与解释能力：评估学生对数学建模结果的分析和解释能力，包括结果的合理性、敏感性分析和对实际问题的解释力度。学生需要能够用数学语言清晰地表达建模过程和结果。

创新思维与实践能力：评估学生在数学建模过程中展现的创新思维和实践能力，包括尝试不同建模方法、优化模型、解决实际问题的创新性和实效性。

团队协作与沟通能力：在数学建模竞赛或项目中，评估学生的团队协作能力和沟通能力，包括在团队中的角色定位、贡献度以及与他人有效沟通的能力。

（二）评估学生数学建模能力的方式

课堂测试与作业：通过设计具有针对性的课堂测试和作业，评估学生对数学建模基础理论的掌握程度和简单建模能力。这可以为学生提供即时的反馈，帮助他们及时纠正错误和理解不足。

案例分析报告：要求学生针对特定实际问题进行数学建模，并提交详细的案例分析报告。通过评估报告的深度、广度和准确性，来全面考察学生的问题分析、模型建立、结果分析和解释能力。

数学建模竞赛与项目：鼓励学生参与数学建模竞赛或实际项目，通过竞赛成绩和项目成果来评估学生的数学建模能力。这种方式能够全面考察学生的创新思维、实践能力、团队协作和沟通能力。

口头报告与答辩：要求学生就他们的数学建模作业、案例分析报告或竞赛项目进行口头报告和答辩。通过评估学生的表达能力、思维逻辑和对问题的深入理解，来进一步考察他们的数学建模能力。

同伴评价与自我反思：引入同伴评价和自我反思机制，让学生相互评价数学建模作业或项目，并鼓励他们进行自我反思和总结。这不仅可以帮助学生从多个角度认识自己的数学建模能力，还能促进他们之间的相互学习和进步。

教师观察与反馈：教师在日常教学中应密切观察学生的表现，包括他们在课堂上的参与度、对问题的反应速度、解决问题的策略等。通过及时的反馈和指导，帮助学生提升数学建模能力。

（三）实施评估的注意事项

评估的全面性：在评估学生的数学建模能力时，应注重全面性，既要考察学生的理论知识，也要考察他们的实践能力、创新思维和团队协作能力。

评估的客观性：评估过程应尽量客观、公正，避免主观偏见和偏见对评估结果的影响。可以采用多种评估方式相结合的方式，以确保评估结果的准确性和可靠性。

评估的发展性：评估不仅是为了给学生打分或排名，更重要的是为了促进他们的发展。因此，在评估过程中应注重提供具体的、有针对性的反馈和建议，帮助学生明确自己的优势和不足，并引导他们进行有针对性的提升。

评估的持续性：数学建模能力的培养是一个长期的过程，因此评估也应是持续的。教师应定期对学生的数学建模能力进行评估，并跟踪他们的进步和发展情况。

第六章　极限思想

第一节　极限思想的基本概念与发展历程

一、极限思想的定义及其在数学中的核心地位

（一）极限思想的定义

极限思想，简而言之，是一种描述变量在某种变化过程中逐渐逼近某一特定值，但永远不等于该值的数学思维方式。它关注的是变量在无限接近某一状态时的行为或趋势，而非该状态本身。这种思维方式在数学中体现为对函数、数列等数学对象在特定条件下的变化趋势和性质的研究。

极限思想的严格定义通常涉及 ε-δ 语言或 ε-N 语言，这些语言为极限的精确量化提供了工具。然而，极限思想的本质并非仅仅局限于这些形式化的定义，它更多地体现在一种对无限和逼近的深刻洞察上。在数学的发展过程中，极限思想逐渐从直观的几何描述演变为精确的数学理论，这一演变过程体现了人类对无限和逼近概念的深入理解和探索。

（二）极限思想在数学中的核心地位

数学分析，作为数学的一个重要分支，其核心就是极限理论。在数学分析中，几乎所有的概念都离不开极限。函数的连续性、导数、定积分等核心概念都是通过极限来定义的。例如，函数的连续性定义为函数在某一点的极限值等于该点的函数值；导数定义为函数在某一点的增量比值的极限；定积分则可以通过黎曼和（即一系列矩形面积的极限）来定义。这些定义不仅体现了极限思想在数学分析中的基础地位，也展示了极限思想在描述函数性质方面的强大能力。

微积分学，作为数学分析的进一步发展和应用，其基石也是极限思想。无论

是微分还是积分，其核心概念都离不开极限。微分描述的是函数在某一点附近的变化率，即导数的概念；而积分则与函数的累积效应有关，如面积、体积的计算等。在微积分学中，极限思想不仅用于定义基本概念，还用于推导基本定理和公式。例如，牛顿 - 莱布尼茨公式（即微积分基本定理）就是通过极限思想推导出来的。这一公式揭示了微分和积分之间的深刻联系，也体现了极限思想在微积分学中的核心地位。极限思想不仅在数学内部具有重要地位，还是推动数学发展的重要动力。随着科学技术的进步和社会生产的发展，越来越多的实际问题需要用到高等数学的知识来解决。而极限思想作为高等数学的核心内容之一，为这些问题的解决提供了有力的工具。同时，极限思想的发展也促进了数学其他分支的进步。例如，在复变函数、实变函数、泛函分析等数学分支中，极限思想同样发挥着重要作用。这些分支的发展不仅丰富了数学的内容，也进一步体现了极限思想在数学中的广泛应用和深远影响。

极限思想的引入和发展不仅改变了数学的面貌，也深化和拓展了人类的数学思维。在极限思想的指引下，数学家们开始更加关注数学对象的无限性质和逼近行为，这种关注推动了数学理论的深入发展和创新。例如，在实数理论的构建中，通过极限思想，数学家们能够更加精确地描述实数的性质和行为，从而为数学分析提供了坚实的基础。此外，极限思想还促进了数学与其他学科的交叉融合，如物理学、工程学等。在这些学科中，极限思想为描述和解释自然现象提供了有力的数学工具。

二、极限思想的历史发展：从古希腊到现代数学的演变

极限思想的历史发展可以追溯到古希腊时期。从古希腊数学家们的直观几何描述，到现代数学中严格的形式化定义，极限思想经历了漫长而曲折的演变过程。

在古希腊时期，数学家们已经开始对无限和逼近的概念进行直观的探索。例如，芝诺的“阿基里斯与乌龟”悖论就涉及了无限逼近的概念。虽然这个悖论在逻辑上存在问题，但它却激发了人们对无限和运动的深入思考。此外，古希腊数学家们在研究几何问题时，也经常使用逼近的方法来求解。例如，他们在计算圆的面积时，会通过不断增加圆内接正多边形的边数来逼近圆的真实面积。这种方法虽然缺乏严格的数学证明，但却蕴含了极限思想的萌芽。

在中世纪和文艺复兴时期，数学家们对极限思想进行了进一步的探索和发展。他们开始尝试用更加精确的方法来逼近数学对象的真实值。例如，在求解曲线的

切线问题时，他们开始使用割线来逼近切线，并通过不断缩小割线与曲线的夹角来求解切线的斜率。这种方法虽然仍然缺乏严格的数学证明，但却为后来的导数概念奠定了基础。此外，在这个时期，数学家们还开始研究无穷级数，这也可以看作是极限思想在数列和级数领域的应用。

17 世纪，微积分学的创立标志着极限思想的成熟。牛顿和莱布尼茨在研究物理和几何问题时，独立地发展出了微积分学的基本理论和方法。他们通过引入极限思想，成功地解决了许多之前无法解决的问题。例如，牛顿利用极限思想推导出了导数的定义和运算法则，而莱布尼茨则通过极限思想发展出了定积分和不定积分的概念及计算方法。微积分学的创立不仅推动了数学的发展，也为物理学、工程学等其他学科提供了有力的数学工具。在这个时期，极限思想逐渐从直观的几何描述演变为精确的数学理论，并开始在数学分析中占据核心地位。进入现代数学时期，极限理论得到了更加深入的研究和发展。数学家们开始用更加严格的形式化语言来描述和定义极限。例如，他们引入了 ε-δ 语言和 ε-N 语言来精确地量化极限的概念。这些形式化的定义不仅使得极限理论更加严谨和完整，也为数学分析的其他领域提供了有力的工具。在现代数学中，极限理论已经成为数学分析的基础之一，并被广泛应用于各种数学分支中。无论是实变函数、复变函数还是泛函分析等领域，都离不开极限理论的支持和应用。

在当代数学与科学中，极限思想仍然发挥着重要作用。在数学领域，极限理论不仅是数学分析的基础之一，还为其他数学分支如概率论、数理统计等提供了重要的工具和方法。在科学领域，极限思想也被广泛应用于物理学、工程学、经济学等学科中。例如，在物理学中，极限思想被用于描述物体的运动状态和物理量的变化趋势；在工程学中，极限思想被用于优化设计和计算最大承载能力等；在经济学中，极限思想则被用于分析经济增长和市场趋势等。

三、极限思想的科学价值：在物理学、工程学等领域的应用

极限思想不仅在数学领域发挥着举足轻重的作用，而且在物理学、工程学等科学领域中也展现出了其独特的科学价值。

（一）极限思想在物理学中的应用

在物理学中，极限思想被广泛应用于运动学的研究。例如，在研究物体的瞬时速度时，我们可以通过取极小的时间间隔 Δt，并计算物体在这个时间间隔内

的平均速度。当 Δt 趋近于 0 时，这个平均速度就趋近于物体的瞬时速度。这个过程就体现了极限思想的应用，它帮助我们准确地描述了物体在某一瞬间的运动状态。

在力学中，极限思想也发挥着重要作用。例如，在研究弹性系数时，可以通过对弹簧施加不同的力，并测量弹簧的伸长量。当力趋近于某个特定值时，弹簧的伸长量也趋近于一个特定的值。这个过程同样体现了极限思想的应用，它帮助我们准确地描述了弹簧在特定力作用下的伸长行为。在电磁学中，极限思想也被广泛应用。例如，在研究电场的强度时，可以通过测量试探电荷在电场中受到的力，并计算电场强度。当试探电荷的电量趋近于 0 时，它所受到的力也趋近于 0，但电场强度却保持不变。这个过程同样体现了极限思想的应用，它帮助我们准确地描述了电场在某一点的强度。

（二）极限思想在工程学中的应用

在结构工程中，极限思想被广泛应用于结构的稳定性和承载能力的研究。例如，在设计桥梁时，工程师需要考虑桥梁在承受最大荷载时的应力分布和变形情况。他们可以通过对桥梁进行有限元分析，将桥梁划分为无数个微小的单元，并计算每个单元在最大荷载作用下的应力和变形。当单元的尺寸趋近于 0 时，有限元分析的结果就趋近于桥梁在真实情况下的应力和变形。这个过程就体现了极限思想的应用，它帮助工程师准确地评估了桥梁的稳定性和承载能力。

在机械工程中，极限思想也被广泛应用于机构的设计和优化。例如，在设计齿轮传动机构时，工程师需要考虑齿轮在传递最大扭矩时的接触应力和磨损情况。他们可以通过对齿轮进行接触分析，计算齿轮在接触点的应力和磨损量。当接触点的尺寸趋近于 0 时，接触分析的结果就趋近于齿轮在真实情况下的应力和磨损。这个过程利用了极限思想，帮助工程师准确地评估了齿轮传动机构的性能和寿命。在土木工程中，极限思想也被广泛应用于土壤和岩石的力学性质研究。例如，在研究土壤的承载力时，工程师可以通过对土壤进行压力试验，测量土壤在不同压力下的变形和破坏情况。当压力趋近于土壤的极限承载力时，土壤的变形和破坏情况就趋近于真实情况。这个过程利用了极限思想，帮助工程师准确地评估了土壤的承载力和稳定性。

（三）极限思想的科学价值

通过极限思想，可以对物理学、工程学等领域中的各种现象进行精确的描述和预测。这种描述和预测不仅基于实验数据和观测结果，还通过数学模型的建立和求解来实现。这使得我们能够更加深入地理解这些现象的本质和规律，并为实际应用提供准确的指导。

极限思想的应用不仅限于对现有现象的描述和预测，它还推动了科学理论的发展。通过极限思想，可以发现新的科学规律和原理，并对现有的科学理论进行修正和完善。这种推动科学理论发展的能力使得极限思想在科学研究中具有独特的地位和价值。极限思想的应用还促进了科学技术的进步。在物理学、工程学等领域中，许多重要的技术和发明都是基于极限思想的应用而实现的。例如，在电子技术中，极限思想被用于描述电流和电压的变化规律；在航空航天技术中，极限思想被用于计算飞行器的轨道和速度等。这些技术和发明的实现不仅推动了相关领域的发展，也为人类社会的进步做出了重要贡献。

四、极限思想对培养学生数学思维的重要性

（一）极限思想在培养学生数学思维中的作用

极限思想涉及无限接近和无限增大的概念，这些概念本身具有高度的抽象性。学生在学习极限思想时，需要不断理解和运用这些抽象概念，从而锻炼和提升他们的抽象思维能力。这种能力的提升有助于学生更好地理解和解决复杂的数学问题。

极限思想的证明和应用需要严密的逻辑推理。学生在学习过程中，需要掌握并运用逻辑推理的方法，如归纳法、演绎法等。通过不断的练习和应用，学生的逻辑推理能力将得到显著提升，这将有助于他们在数学学习中更好地进行证明和推导。

极限思想在数学中有着广泛的应用，涉及数列、函数、导数、积分等多个领域。学生在学习过程中，需要不断运用极限思想来解决各种数学问题。通过不断的练习和应用，学生将逐渐掌握运用极限思想解决问题的方法，从而提升他们的问题解决能力。

极限思想作为一种深刻的数学理念，具有独特的思维方式和视角。学生在学习过程中，需要不断探索和发现极限思想的内在规律和联系，这将有助于激发他们的创新思维。通过不断的学习和应用，学生将逐渐学会从新的角度和视角来审视和解决数学问题。

（二）极限思想在教学中的应用策略

极限思想涉及的基础概念较多，如数列、函数、导数等。在教学过程中，教师应注重这些基础概念的教学，确保学生能够准确理解和运用这些概念。只有打下坚实的基础，学生才能更好地理解和掌握极限思想。逻辑推理是极限思想的重要组成部分。在教学过程中，教师应注重逻辑推理的训练，引导学生掌握并运用逻辑推理的方法。通过不断的练习和应用，学生将逐渐提高逻辑推理能力，从而更好地理解和应用极限思想。

极限思想在数学中有着广泛的应用，涉及众多实际问题。在教学过程中，教师应结合实际问题进行教学，引导学生运用极限思想来解决实际问题。这有助于激发学生的学习兴趣和积极性，提高他们的问题解决能力。极限思想的学习需要学生具备一定的自主学习能力和探究精神。在教学过程中，教师应注重培养学生的自主学习能力，引导他们主动探索和发现极限思想的内在规律和联系。这有助于提高学生的创新思维和自主学习能力。

第二节　极限思想在微积分中的应用

一、极限在微积分中的应用

极限不仅在导数和积分的定义中起着基础作用，还在微积分的应用中发挥着重要作用。通过求解极限，可以解决各种实际问题，如计算物体的运动轨迹、分析市场供需关系、计算结构的强度和稳定性等。

极限可以用来描述函数在某一点附近的变化趋势。通过计算函数在某一点的极限，可以了解函数在该点附近是趋向于无穷大、无穷小还是一个确定的值。这对于研究函数的性质和行为非常重要。极限是推导微积分中许多重要定理和公式的基础。例如，中值定理、泰勒级数展开、洛必达法则等都是基于极限的概念和方法推导出来的。这些定理和公式可以帮助我们更好地理解和应用微积分的原理和方法。在物理学中，极限广泛应用于描述物体的运动状态和速度。通过求解极限，可以得到物体在某一时刻的速度和加速度的精确值，从而更好地描述和分析物体的运动行为。例如，牛顿的第二定律 F=ma 就是基于极限的概念推导出来的，它描述了力与加速度之间的关系。在经济学中，极限可以用来分析市场供需关系和价格变动。通过将实际问题转化为数学模型，并利用极限的概念和方法进行分析和求解，可以得到市场供需关系的精确描述和价格变动的预测结果。这对于企业决策和政策制定具有重要意义。

二、通过微积分教学强化学生极限思想的方法与策略

极限思想不仅贯穿于微积分的整个理论体系，还是解决微积分问题的关键。然而，对于许多学生来说，极限思想是一个相对抽象且难以掌握的概念。因此，在微积分教学中，如何有效地强化学生的极限思想，提高他们的理解和应用能力，是一个值得深入探讨的问题。

首先，要让学生充分认识到极限思想在微积分乃至整个数学领域中的重要性。极限是微积分的基础，它定义了导数、积分等核心概念，是解决微积分问题的基本工具。只有深刻理解了极限思想，才能更好地理解和掌握微积分的其他内容。因此，在教学中，教师应反复强调极限思想的核心地位，引导学生从思想上重视极限的学习。极限是一个抽象的概念，但它在实际问题中有着广泛的应用。为了帮助学生更好地理解极限，教师应结合具体的实例进行讲解。例如，可以通过分析函数在某一点的变化趋势来引入极限的概念，或者通过求解曲线的切线斜率来引出导数的定义。这些实例可以让学生直观地感受到极限在实际问题中的应用，从而加深对极限思想的理解。

极限的计算是微积分学习中的一项基本技能。通过大量的计算训练，学生可以更加熟练地掌握极限的计算方法，进而加深对极限思想的理解。在教学中，教师应注重对学生极限计算能力的训练，引导他们掌握各种极限计算方法，如直接代入法、因式分解法、洛必达法则等。同时，教师还应鼓励学生多进行练习，通过实践来巩固和提高自己的极限计算能力。

极限思想不仅涉及具体的计算方法，还包含丰富的逻辑推理。在微积分教学中，教师应注重对学生逻辑推理能力的培养。例如，在讲解极限的性质时，教师可以引导学生通过逻辑推理来推导这些性质，让他们自己发现和理解极限的奥秘。这样的教学过程不仅可以帮助学生更好地掌握极限思想，还可以培养他们的逻辑思维能力和自主学习能力。多媒体技术具有直观、生动、形象等特点，可以帮助学生更好地理解和掌握抽象的数学概念。在微积分教学中，教师可以利用多媒体技术来辅助教学，强化学生的极限思想。例如，可以利用动画来展示函数在某一

点的变化趋势，或者利用图形软件来绘制函数的图像，帮助学生直观地理解极限的概念和性质。这样的教学方式不仅可以提高学生的学习兴趣和积极性，还可以帮助他们更好地理解和掌握极限思想。

教学是一个双向的过程，需要教师和学生的共同参与和交流。在微积分教学中，教师应注重与学生的互动和交流，了解他们的学习情况和困惑，及时给予指导和帮助。例如，在讲解极限的概念和性质时，教师可以与学生进行课堂讨论，引导他们积极思考和发言，提出自己的疑问和看法。这样的教学过程不仅可以帮助学生更好地理解和掌握极限思想，还可以培养他们的思维能力和表达能力。为了进一步强化学生的极限思想，教师可以布置一些具有挑战性的作业和任务。例如，可以让学生尝试解决一些复杂的极限问题，或者让他们自己编写一些与极限相关的数学题目。这样的作业和任务可以激发学生的学习兴趣和挑战精神，促使他们更加深入地思考和探索极限的奥秘。同时，通过完成这些作业和任务，学生也可以更加熟练地掌握极限的计算方法和应用技巧。

第三节　通过极限思想理解无穷小与无穷大

一、无穷小与无穷大的定义及其与极限的关系

在数学领域，无穷小与无穷大是两个相对而重要的概念，它们与极限有着紧密的联系。深入理解这两个概念不仅有助于我们更好地掌握数学理论，还能在实际应用中发挥重要作用。

（一）无穷小与无穷大的定义

1. 无穷小的定义

无穷小，顾名思义，表示的是一个量趋于零的极限状态。在严格的数学语境中，它描述的是当一个变量或函数趋近于某一特定值时，其绝对值能够小于任意给定的正数（无论这个正数多么小）的一种状态。换句话说，无穷小并不是指某个具体的数值，而是一种趋势或动态过程，即某量在某种条件下越来越接近于零。

为了更直观地理解无穷小，可以设想一个物体在空间中移动，随着时间的推移，它的速度逐渐减慢，最终趋于停止。在这个过程中，物体的速度就可以被视

为无穷小，因为它越来越接近于零，但仍然保持为一个非零的微小量。

2. 无穷大的定义

与无穷小相对应，无穷大描述的是一个量趋于无限增长的极限状态。它表示的是当一个变量或函数趋近于某一特定值时，其绝对值能够大于任意给定的正数（无论这个正数多么大）的一种状态。同样地，无穷大也不是指某个具体的数值，而是一种趋势或动态过程，即某量在某种条件下越来越远离于任何有限数。

为了更深入地理解无穷大，可以设想一个不断增长的数列，如自然数序列（1，2，3，……），这个数列中的每一个数都比前一个数大，且没有上限。在这种情况下，可以说这个数列是无穷大的，因为它的值可以无限地增长，永远也不会达到一个固定的上限。

（二）无穷小与无穷大与极限的关系

1. 无穷小与极限的关系

无穷小与极限的关系十分紧密。事实上，无穷小本身就是一种特殊的极限状态。当一个函数在某一点的极限为零时，我们就说这个函数在该点趋于无穷小。无穷小是极限为零的另一种表述方式，它描述的是函数值在某一特定点附近的变化趋势，即函数值越来越接近于零。

为了更具体地说明无穷小与极限的关系，可以考虑一个函数在某一点附近的行为。如果该函数在这一点的极限为零，那么无论取多么小的正数作为阈值，总能在该点附近找到一个区间，使得在这个区间内函数的值都小于这个阈值。这正是无穷小所描述的趋势：函数值越来越接近于零。

2. 无穷大与极限的关系

同样地，无穷大也与极限有着密切的联系。当一个函数在某一点的极限为无穷大时，我们就说这个函数在该点趋于无穷大。无穷大是极限为无穷大的一种表述方式，它描述的是函数值在某一特定点附近的变化趋势，即函数值越来越远离于任何有限数。

为了更具体地说明无穷大与极限的关系，可以考虑一个函数在某一点附近的行为。如果该函数在这一点的极限为无穷大，那么无论取多么大的正数作为阈值，总能在该点附近找到一个区间，使得在这个区间内函数的值都大于这个阈值。这正是无穷大所描述的趋势：函数值越来越远离于任何有限数。

3. 无穷小与无穷大的关系及其与极限的联系

无穷小与无穷大都是描述函数在某一点附近的变化趋势的工具。无穷小描述的是函数值越来越接近于零的趋势，而无穷大描述的是函数值越来越远离于任何有限数的趋势。

在极限理论中，无穷小与无穷大是相互关联的。有时，可以通过研究一个函数的倒数来研究其无穷大的行为。例如，如果函数在某一点的极限为无穷大，那么其倒数函数（在函数值不为零的情况下）在该点的极限将是无穷小。这种倒数关系研究无穷大和无穷小之间的关系提供了一种有力工具。

此外，无穷小与无穷大在极限运算中也有着重要的应用。例如，在求解某些极限问题时，可以通过将问题转化为无穷小或无穷大的形式来简化计算。这种方法在数学分析和工程计算中都有广泛的应用。通过利用无穷小和无穷大的性质，可以更容易地处理一些复杂的极限问题，并得出准确的答案。

（三）无穷小与无穷大的实际应用

无穷小与无穷大的概念不仅在理论上具有重要意义，在实际应用中也有着广泛的应用。在物理学中，无穷小与无穷大的概念被用于描述物体的运动状态、力的变化等。例如，在研究物体的运动轨迹时，可能会遇到速度或加速度趋于无穷小或无穷大的情况，这有助于我们更准确地理解物体的运动特性。

在经济学中，无穷大与无穷小的概念被用于描述市场供需关系、价格变动等。例如，在分析市场需求时，可能会遇到需求量或供给量趋于无穷大或无穷小的情况，这有助于我们更准确地预测市场趋势和制定经济策略。在工程学中，无穷小与无穷大的概念被用于描述信号的强度、电路的响应等。例如，在设计电路时，可能需要考虑信号强度趋于无穷小或无穷大的情况，以确保电路的稳定性和可靠性。

二、无穷小与无穷大在解决实际问题中的实例分析：如物理学中的趋近问题

无穷小与无穷大，作为数学中的两个重要概念，不仅在理论探讨中占据核心地位，更在解决实际问题时展现出其独特的魅力和广泛的应用价值。特别是在物理学领域，无穷小与无穷大的概念经常被用来描述和解释各种趋近问题，为我们深入理解物理现象提供了有力的数学工具。

（一）无穷小在物理学趋近问题中的应用

在物理学中，质点的运动状态是经常需要研究的问题。当质点趋近于某一特定位置时，其速度的变化往往可以用无穷小来描述。例如，考虑一个自由落体的物体，在触地瞬间，其速度虽然不为零，但在触地前的极短时间内，速度的变化量可以视为无穷小。这种趋近问题可以通过微积分中的极限理论来求解，无穷小的概念为我们提供了一种精确描述质点运动状态的方法。

在电路学中，当电路中的开关突然闭合或断开时，电流的变化往往经历一个趋近过程。在这个过程中，电流的值从初始状态逐渐趋近于稳定状态。在趋近的瞬间，电流的变化量可以视为无穷小。通过分析这个无穷小的变化量，可以更准确地理解电路中的瞬态过程，并设计出更为稳定的电路系统。在光学领域，透镜的焦距是一个重要的参数。当物体逐渐趋近于透镜时，其成像的位置也会发生变化。在这个过程中，成像位置的变化量可以视为无穷小。通过研究这个无穷小的变化量，可以更精确地计算出物体在不同距离下的成像位置，为光学仪器的设计提供理论依据。

（二）无穷大在物理学趋近问题中的应用

在天体物理学中，经常需要研究天体之间的相互作用。当两个天体逐渐趋近时，它们之间的距离可以视为趋近于无穷小。然而，在某些情况下，我们更关心的是天体在趋近过程中的行为，比如引力势能的变化。在这种情况下，无穷大的概念就显得尤为重要。可以认为，在天体趋近的过程中，引力势能趋近于无穷大，这为我们研究天体的运动轨迹和相互作用提供了重要的线索。

在电磁学中，场强是一个描述电磁场强弱的物理量。当电荷逐渐趋近于某一位置时，该位置的场强往往会发生显著变化。在这个过程中，场强的变化量可以视为趋近于无穷大。通过分析这个无穷大的变化量，可以更深入地理解电磁场的性质，并为电磁学的应用提供理论基础。在量子力学中，能级是描述微观粒子能量状态的物理量。当粒子逐渐趋近于某一能级时，其能量的变化往往表现出无穷大的特性。这是因为，在量子力学中，能级之间的跃迁是离散的，而不是连续的。因此，当粒子趋近于某一能级时，其能量的变化量可以视为趋近于无穷大。这种趋近问题在量子力学中具有重要的实际意义，它为我们理解微观粒子的行为提供了重要的线索。

（三）无穷小与无穷大在物理学趋近问题中的综合应用

在实际的物理问题中，无穷小与无穷大的概念往往不是孤立存在的，而是相互关联、共同作用的。例如，在研究质点的运动时，既需要关注质点趋近于某一位置时的速度变化（无穷小），也需要关注质点在运动过程中可能达到的最大速度（无穷大）。同样地，在研究电路中的瞬态过程时，既需要分析电流在趋近稳定状态时的变化量（无穷小），也需要考虑电流在瞬态过程中可能达到的最大值（无穷大）。

这种综合应用无穷小与无穷大的方法，不仅可以更准确地描述和解释物理现象，还可以为解决实际问题提供有力的数学工具。通过深入研究无穷小与无穷大在物理学趋近问题中的应用，可以更好地掌握物理学的精髓，为推动科学技术的发展做出更大的贡献。

四、培养学生通过极限思想理解无穷小与无穷大的教学策略

无穷小与无穷大是微积分中的两个核心概念，它们在描述函数变化趋势、求解极限问题以及理解导数和积分等方面发挥着至关重要的作用。然而，对于初学者来说，这两个概念往往显得抽象且难以理解。为了帮助学生更好地掌握无穷小与无穷大的概念，并培养他们的极限思想，可以采用以下教学策略。

（一）引入极限思想，奠定概念基础

在教学初期，教师应通过具体的实例和直观的图形，引导学生感知无穷小与无穷大的存在。例如，可以利用数列的极限来展示无穷小的概念，通过观察数列项逐渐趋近于零的过程，让学生直观感受到无穷小的含义。同样，可以通过函数的图像来展示无穷大的概念，让学生观察到函数值在某一特定点附近迅速增长的趋势。

在学生对无穷小与无穷大有了初步感知后，教师应准确阐述极限的定义，并强调极限思想在理解无穷小与无穷大中的重要性。通过讲解 ε-δ 语言和洛必达法则等数学工具，帮助学生建立起对极限的精确理解，为后续学习无穷小与无穷大打下坚实的基础。

（二）深入剖析无穷小与无穷大的本质

在学生对无穷小有了初步认识后，教师应进一步引导他们深入理解无穷小的本质。可以通过分析函数在某一点的导数来展示无穷小的应用，让学生理解到导

数实际上就是函数在该点附近的小变化所引起的函数值的大致变化率，即无穷小的比值。此外，还可以通过泰勒展开等数学工具，让学生看到无穷小在近似计算中的广泛应用。

对于无穷大的概念，教师可以通过分析函数的极限行为来引导学生深入理解。例如，可以讨论函数在某一点附近的增长速度，让学生理解到无穷大实际上描述的是函数值在某一特定过程中无限制地增长的趋势。同时，还可以通过讨论无穷级数的收敛性来进一步巩固学生对无穷大的理解。

（三）强化实践应用，培养极限思维

为了帮助学生更好地掌握无穷小与无穷大的概念，并培养他们的极限思维，教师应注重解题技巧的训练。可以通过大量的例题和习题，让学生熟悉无穷小与无穷大在求解极限问题中的应用。同时，还可以引导学生总结解题规律和方法，提高他们的解题效率和准确性。

除了基本的解题技巧训练外，教师还应鼓励学生将无穷小与无穷大的概念应用到实际问题中去。例如，可以通过讨论物理学中的趋近问题、经济学中的增长模型等实际问题，引导学生建立数学模型并求解。这样的实践应用不仅能够加深学生对无穷小与无穷大的理解，还能够培养他们的数学建模能力和极限思维。

（四）注重思维拓展与创新能力培养

在教学过程中，教师应鼓励学生自主探索无穷小与无穷大的概念及其应用。可以为学生提供一些开放性的问题或研究性课题，让他们自己尝试去解决。同时，还应鼓励学生之间的合作交流，让他们通过讨论和分享来拓宽思路、提高解决问题的能力。

为了进一步拓展学生的思维并培养他们的创新能力，教师可以适当引入一些现代数学工具和思想。例如，可以介绍一些与无穷小与无穷大相关的现代数学分支或研究成果，让学生了解到这些概念在现代数学中的重要性和广泛应用。这样的引入不仅能够激发学生的学习兴趣和好奇心，还能够培养他们的创新意识和探索精神。

第四节　极限思想在实际问题中的运用

一、极限思想在物理问题中的应用：如速度、加速度的计算

极限思想是微积分学的基础，它在处理变量趋近于某一特定值时的行为方面发挥着核心作用。在物理学中，极限思想同样具有广泛的应用，尤其在处理速度、加速度等动态量的计算时，更是不可或缺。

（一）极限思想在速度计算中的应用

速度描述了物体在单位时间内位置的变化。在经典物理学中，速度被定义为位移与时间的比值。然而，在实际问题中，物体的速度往往不是恒定的，而是随时间而变化的。为了准确描述这种变化，我们需要借助极限思想。

瞬时速度是物体在某一特定时刻的速度。为了求解瞬时速度，需要考虑物体在极短时间内的位移变化，即让时间间隔趋近于零，观察位移的变化趋势。通过求解这个极限，可以得到物体在特定时刻的瞬时速度。平均速度是物体在一段时间内位移与时间的比值。当时间间隔趋近于零时，平均速度趋近于瞬时速度，它揭示了平均速度与瞬时速度之间的内在联系。通过极限思想，可以更深入地理解速度这一物理量的本质。

（二）极限思想在加速度计算中的应用

加速度描述了物体速度的变化率。与速度类似，加速度也不是恒定的，而是随时间而变化的。为了准确描述这种变化，我们同样需要借助极限思想。

瞬时加速度是物体在某一特定时刻的加速度。为了求解瞬时加速度，需要考虑物体在极短时间内的速度变化，即让时间间隔趋近于零，观察速度的变化趋势。通过求解这个极限，可以得到物体在特定时刻的瞬时加速度。平均加速度是物体在一段时间内速度变化与时间的比值。当时间间隔趋近于零时，平均加速度趋近于瞬时加速度，它揭示了平均加速度与瞬时加速度之间的内在联系。通过极限思想，可以更深入地理解加速度这一物理量的本质。

（三）极限思想在物理问题中的广泛应用

除了速度和加速度的计算外，极限思想在物理学中还有广泛的应用。例如，在力学中，可以通过极限思想来求解物体的瞬时力和瞬时动量；在电磁学中，可以通过极限思想来求解电场和磁场的瞬时变化；在热学中，可以通过极限思想来求解物体的瞬时温度和热量传递等。

（四）极限思想的数学表达与物理意义的结合

极限思想的数学表达是通过极限运算来实现的。在物理学中，需要将这种数学表达与物理意义相结合，以便更准确地描述物理现象。例如，在求解瞬时速度时，需要将位移的极限变化与时间的极限变化相结合，得到瞬时速度的数学表达式。同时，还需要理解这个表达式的物理意义，即它描述了物体在特定时刻的速度状态。

二、极限思想在工程问题中的应用：如最优设计、稳定性分析等

在工程设计中，尤其是在最优设计和稳定性分析方面，极限思想为工程师们提供了一种强大的工具，帮助他们解决复杂问题，确保工程结构的安全性和效率。

在工程问题中，这通常涉及结构参数、材料性能、载荷条件等因素在极限状态下的表现。通过极限分析，工程师可以评估工程结构在极端条件下的性能，从而设计出更加安全、可靠和经济的产品。

（一）极限思想在最优设计中的应用

最优设计是工程领域中的一个重要课题，它旨在通过优化结构参数、材料选择、制造工艺等因素，实现工程结构在性能、成本、重量等方面的最佳平衡。

在最优设计中，工程师需要对结构参数进行精细调整，以达到最佳性能。极限思想允许工程师分析结构参数在极限状态下的表现，从而确定参数的合理取值范围。例如，在机械设计中，通过极限分析可以确定轴的最大允许扭矩、齿轮的最大接触应力等关键参数，进而指导设计过程。材料性能是影响工程结构性能的关键因素之一。极限思想允许工程师充分利用材料的极限性能，提高结构的承载能力和耐久性。例如，在航空航天领域，通过极限分析可以确定材料的极限抗拉强度、疲劳极限等关键指标，从而设计出更加轻量化、高强度的结构件。

制造工艺对工程结构的性能同样具有重要影响。极限思想鼓励工程师探索制造工艺的极限可能性，通过创新技术提高产品的质量和性能。例如，在精密制

造领域，通过极限分析可以确定加工精度的极限值，进而指导制造工艺的改进和优化。

（二）极限思想在稳定性分析中的应用

稳定性分析是工程结构安全评估的重要组成部分。通过稳定性分析，工程师可以评估结构在受到外部载荷作用时的抵抗能力，确保结构在极端条件下不会发生失稳破坏。

极限载荷分析是稳定性分析的基础。通过极限分析，工程师可以确定结构在极限载荷作用下的响应行为，包括变形、应力分布、破坏模式等。这些信息对于评估结构的承载能力、指导设计改进具有重要意义。例如，在桥梁设计中，通过极限载荷分析可以确定桥梁在最大设计荷载作用下的变形和应力状态，从而确保桥梁的安全性。在稳定性分析中，非线性破坏准则是一种重要的分析工具。通过引入非线性破坏准则，工程师可以更加准确地描述结构在破坏过程中的行为特征。极限思想为非线性破坏准则的应用提供了理论基础，使得工程师能够处理更加复杂、真实的工程问题。例如，在边坡稳定性分析中，通过引入非线性破坏准则和极限分析上限法，可以推导出边坡稳定性的计算公式，为工程实践提供有力支持。

动态稳定性分析是稳定性分析中的一个重要分支。它关注结构在动态载荷作用下的稳定性表现，如地震、风载等。极限思想在动态稳定性分析中同样发挥着关键作用。通过极限分析，工程师可以评估结构在动态载荷作用下的动态响应和稳定性裕度，为结构的抗震、抗风设计提供科学依据。

（三）极限思想在工程实践中的综合应用

在工程实践中，极限思想往往与其他工程分析方法相结合，形成综合的分析体系。例如，在结构优化设计中，极限思想可以与有限元分析、优化设计方法相结合，形成基于极限分析的优化设计流程；在结构健康监测中，极限思想可以与传感器技术、数据处理方法相结合，实现对结构状态的实时评估和预警。

三、极限思想在经济问题中的应用：如边际分析、长期趋势预测等

在经济问题中，极限思想为经济学家们提供了一种深入理解经济现象、分析经济规律的有效工具。

（一）极限思想概述

在经济学中，极限思想的应用通常涉及经济变量的边际变化、长期趋势预测等方面。通过极限分析，经济学家可以更加精确地把握经济现象的本质规律，为政策制定和决策提供科学依据。

（二）极限思想在边际分析中的应用

边际分析关注经济变量在微小变化时的效应。极限思想为边际分析提供了理论基础和方法论支持。

边际效应是指某一经济变量在微小变化时所引起的另一经济变量的变化量。例如，在消费理论中，边际效用表示消费者增加一单位商品消费时所带来的额外满足感。极限思想允许经济学家通过计算经济变量在趋近于零的变化量来求解边际效应。这种方法不仅提高了计算的精确性，还使得边际效应的概念更加清晰明确。边际分析在经济学决策中发挥着关键作用。通过比较边际成本与边际收益，企业和个人可以做出最优决策。极限思想使得这种比较更加精确和可靠。例如，在生产决策中，企业可以通过计算边际产量与边际成本来确定最优生产规模；在投资决策中，投资者可以通过比较边际收益与边际风险来做出最优投资组合选择。

在微观经济学中，边际替代率和边际转换率是两个重要的概念。边际替代率表示消费者在保持总效用不变的情况下，愿意用一种商品替代另一种商品的比率；边际转换率表示生产者在保持总产出不变的情况下，增加一种产品产量必须减少的另一种产品产量的比率。极限思想为这两个概念的计算提供了理论基础，使得经济学家能够更准确地分析消费者的选择行为和生产者的生产决策。

（三）极限思想在长期趋势预测中的应用

长期趋势预测关注经济变量在较长时间范围内的变化趋势。极限思想为长期趋势预测提供了有力的分析工具。

经济增长是经济学研究的核心问题之一。通过极限分析，经济学家可以评估经济增长的潜力和可持续性。例如，在环境经济学中，经济学家可以运用极限思想分析经济增长与环境污染之间的关系，确定经济增长的“绿色极限”；在人口经济学中，经济学家可以运用极限思想预测人口增长对经济增长的影响，为政策制定提供科学依据。

经济周期是经济活动中周期性波动的现象。通过极限分析，经济学家可以揭示经济周期的内在规律和运行机制。例如，在商业周期理论中，经济学家可以运用极限思想分析经济扩张和收缩的极限条件，预测经济周期的转折点；在货币政策分析中，中央银行可以运用极限思想评估货币政策对经济周期的影响，制定合适的货币政策以平抑经济波动。

技术进步是推动经济增长的重要因素之一。通过极限分析，经济学家可以评估技术进步的潜力和局限性。例如，在新古典增长理论中，经济学家可以运用极限思想分析技术进步对经济增长的贡献率，预测经济增长的长期趋势；在技术创新理论中，经济学家可以运用极限思想分析技术创新的扩散速度和影响范围，为政策制定提供科学依据。

（四）极限思想在经济政策制定中的应用

经济政策制定是经济学研究的重要应用领域之一。极限思想为经济政策制定提供了科学的分析工具和方法论指导。通过极限分析，经济学家可以评估不同政策方案的效果和可行性，为政策制定者提供有价值的建议。例如，在财政政策制定中，经济学家可以运用极限思想分析政府支出和税收对经济增长的影响，确定最优的财政政策组合；在货币政策制定中，中央银行可以运用极限思想评估货币政策对经济波动的影响，制定合适的货币政策以稳定经济增长。

四、通过实际问题教学培养学生极限思想的实践方法

极限思想是数学分析中的核心概念，也是解决许多实际问题的重要工具。然而，对于许多学生来说，极限概念抽象且难以理解。因此，通过实际问题教学来培养学生极限思想显得尤为重要。

要选择能够体现极限思想的实际问题，这些问题应该具有直观性、趣味性和挑战性。例如，可以选择与速度、加速度、增长率、优化等相关的问题。这些问题能够让学生感受到极限思想的实用性，并激发他们的学习兴趣。在呈现实际问题后，教师要引导学生分析问题，找出其中的关键变量和关系。例如，在速度问题中，关键变量可能是时间、距离和速度；在优化问题中，关键变量可能是成本、收益和产量。通过引导学生分析问题，可以帮助他们理解极限思想在解决实际问题中的应用。

在学生对实际问题有了一定理解后，教师可以适时地引入极限概念。例如，可以通过讨论当某个变量趋近于某个特定值时，另一个变量会如何变化来引入极限概念。教师要用通俗易懂的语言解释极限思想，并强调其在解决实际问题中的

重要性。在引入极限概念后，教师要通过逐步深化的问题和例子来帮助学生深化对极限思想的理解。例如，可以从简单的数列极限开始，逐渐过渡到函数极限、导数等更复杂的概念。在每个阶段，都要确保学生有足够的时间和机会来思考和讨论。

为了帮助学生更好地理解极限思想，教师要注重直观性和操作性。例如，可以使用图形、动画或实物模型来展示极限的概念和性质。同时，也可以设计一些实验或活动，让学生亲手操作并观察极限现象的发生和发展过程。现代数学软件和工具为极限教学提供了有力的支持。教师可以利用这些软件和工具来演示极限的计算过程、绘制极限图形等。这样不仅可以提高教学效率，还可以让学生更加直观地理解极限思想。

在培养学生极限思想的过程中，教师要鼓励学生自主探索和实践。例如，可以布置一些与极限相关的作业或项目，让学生独立或合作完成。通过自主探索和实践，学生可以更加深入地理解极限思想，并学会如何将其应用到实际问题中去。

第七章　微积分思想

第一节　微积分思想的起源与发展

一、微积分思想的萌芽：古希腊时期的几何与运动学思想

微积分，作为现代数学的重要分支，其思想萌芽可以追溯到遥远的古希腊时期。在那个时代，数学家和哲学家们通过对几何和运动学的深入研究，为微积分的诞生奠定了坚实的基础。

（一）古希腊几何学的辉煌成就

古希腊是数学史上的一个重要时期，几何学在这一时期得到了空前的发展。毕达哥拉斯学派、柏拉图学派以及欧几里得等伟大数学家为几何学的发展做出了卓越的贡献。

毕达哥拉斯学派强调“万物皆数”，他们认为数学是宇宙的真理所在。毕达哥拉斯在研究圆和直线等基本曲线时，发现了圆的周长与直径之间的关系，即圆周率的概念。这种对几何图形的量化研究，为微积分中的极限思想提供了早期启示。

欧几里得的《几何原本》是古希腊几何学的巅峰之作，它系统地整理了当时的几何学知识，形成了一个严密的逻辑推理体系。虽然《几何原本》本身并未直接涉及微积分思想，但它所建立的几何推理方法，为后来的数学家们探索更复杂的几何问题提供了有力工具。

（二）阿基米德与积分思想的萌芽

在古希腊数学家中，阿基米德以其对面积、体积和力矩的深入研究而著称，他的工作被视为积分学思想的萌芽。

阿基米德在研究抛物弓形的面积、球和球冠面积、螺线下面积和旋转双曲体的体积等问题时，采用了穷竭法。这种方法通过不断逼近真实值来求解面积和体积，虽然与现代极限思想有所不同，但已经蕴含了积分思想的基本要素。阿基米德还创造性地运用了逼近法，通过构造一系列越来越接近真实图形的近似图形，来逐步逼近所求的面积或体积。这种方法在求解复杂几何体的表面积和体积时尤为有效，为后来的数学家们提供了宝贵的思路。

（三）运动学与微分思想的萌芽

与几何学同时发展的，还有古希腊的运动学思想。数学家们通过对物体运动的研究，逐渐萌发了微分思想的雏形。

在运动学中，即时速度是一个重要概念。古希腊数学家们开始关注物体在任意时刻的速度和加速度，这促使他们思考如何描述和计算这些瞬时量。虽然他们尚未形成完整的微分理论，但已经开始了对瞬时变化率的探索。在几何学中，切线问题也是一个与微分思想密切相关的问题。古希腊数学家们尝试用几何方法来描述和求解曲线的切线，这实际上是对曲线在某一点处的瞬时变化率的一种直观理解。虽然他们未能给出严格的数学定义和证明，但这种尝试为后来的微分学发展奠定了基础。

（四）微积分思想的初步融合

随着几何学和运动学思想的不断发展，古希腊数学家们逐渐意识到这两大领域之间存在着某种深刻的联系。他们开始尝试将几何方法和运动学思想结合起来，以解决更复杂的数学问题。

在求解面积和切线的过程中，古希腊数学家们逐渐发现这两者之间存在着某种互逆关系。他们意识到，通过求解曲线的切线问题，可以反过来求解由该曲线围成的面积；反之亦然。这种互逆关系的发现，为微积分基本定理的建立提供了初步的思路。在探索面积、体积和切线问题的过程中，古希腊数学家们不可避免地接触到了无穷小量的概念。他们开始尝试用无穷小量来描述和计算物体的运动状态和几何特性。虽然他们尚未形成完整的无穷小理论，但这种尝试为后来的微积分学发展提供了重要的启示。

二、微积分思想的初步形成：牛顿与莱布尼茨的贡献

微积分学的形成与发展历史进程中，艾萨克·牛顿与戈特弗里德·威廉·莱布尼

茨的名字无疑是最为耀眼的。他们二人不仅独立地发明了微积分学的基本概念和方法，更通过各自的研究，为这一学科的初步形成奠定了坚实的基础。

（一）牛顿的贡献

牛顿的微积分学思想起源于他对动力学问题的深入研究。在《自然哲学的数学原理》一书中，牛顿首次系统地阐述了经典力学的基本理论，其中便包含了他对微积分学的独到见解。为了描述物体的运动状态，牛顿引入了“流数”的概念，这实际上就是我们今天所说的导数。他通过“流数法”来研究物体的速度、加速度等瞬时量，从而开创了微积分学在物理学中的应用先河。牛顿不仅发明了微分学，还首次明确提出了积分学的概念，并实现了微分与积分的统一。他认识到，微分与积分实际上是同一个过程的逆运算，这一发现为微积分学的发展提供了重要的理论基础。牛顿通过“反演法”将微分问题转化为积分问题，从而解决了许多复杂的数学问题，如曲线的长度、曲面的面积等。

牛顿在微积分学的研究中还引入了幂级数展开的方法。他通过无穷小量的分析，将复杂的函数表示为无穷多个简单函数的和，这种方法在求解微分和积分方程时具有极大的便利性。牛顿的幂级数展开方法不仅为微积分学的发展提供了新的工具，也对后来的数学分析产生了深远的影响。

（二）莱布尼茨的贡献

莱布尼茨在微积分学的贡献主要体现在他创立了一套完整的微分符号和运算规则。他引入了“dx”和“dy”来表示微分，这种简洁明了的符号体系使得微积分的运算更加直观和便捷。莱布尼茨还总结了微分运算的基本法则，如线性法则、乘积法则、链式法则等，这些法则为微分学的系统化发展提供了重要的支撑。

莱布尼茨在积分学方面的研究同样卓有建树。他提出了“和式积分”的概念，即通过将曲线下的面积分割成无数个小的矩形条，然后求和来逼近真实的面积值。这种方法与现代积分学的定义不谋而合。更为重要的是，莱布尼茨发现了“莱布尼茨公式”，即积分与微分之间的转换关系，这一发现极大地丰富了积分学的理论内涵。莱布尼茨还将微积分学应用于几何学的研究中，取得了显著的成果。他通过微积分的方法研究了曲线的切线、法线、曲率等几何性质，为微分几何学的诞生奠定了基础。此外，莱布尼茨还利用微积分学研究了曲线的长度、曲面的面积等几何量，推动了几何学向更高层次的发展。

（三）牛顿与莱布尼茨的贡献之比较

牛顿与莱布尼茨在微积分学的贡献上各有千秋。牛顿的微积分学思想更加侧重于物理学的应用，他的“流数法”和幂级数展开方法为物理学的研究提供了有力的数学工具。而莱布尼茨则更加注重微积分学的理论体系和符号运算的完善，他的“和式积分”和“莱布尼茨公式”为微积分学的系统化发展奠定了坚实的基础。

尽管牛顿和莱布尼茨在微积分学的贡献上有所不同，但他们的共同之处在于都深刻地认识到了微积分学在描述自然界变化过程中的重要性。他们的研究不仅推动了微积分学的发展，也为后来的数学分析和物理学研究提供了宝贵的思路和启示。

三、微积分思想的完善与传播：柯西、魏尔斯特拉斯等人的工作

奥古斯丁·路易斯·柯西（Augustin Louis Cauchy）和卡尔·特奥多尔·威廉·魏尔斯特拉斯（Karl Theodor Wilhelm Weierstrass）等人在微积分思想的完善与传播方面做出了卓越的贡献。

（一）柯西的贡献

柯西在微积分学中的最大贡献之一在于他明确并严格化了极限概念。在柯西之前，微积分学中的极限概念往往依赖于直观的几何或物理解释，缺乏严格的数学定义。柯西通过引入 ε-δ 语言（尽管他并未明确使用这种表述方式，但其思想已蕴含其中），给出了极限的严格定义，即当一个变量的值无限趋近于某个固定值时，如果它们之间的差可以小于任意给定的正数 ε，则称该固定值为该变量的极限。这一定义彻底摆脱了微积分学对直观理解的依赖，为微积分学的发展奠定了坚实的理论基础。

柯西不仅明确了极限概念，还以极限为基础建立了逻辑清晰的微积分体系。他通过严格的数学证明，阐明了微积分中的基本概念和定理，如连续、导数、微分、积分等，使微积分学成为一门严谨的数学学科。柯西的工作极大地推动了数学分析的发展，为后来的数学家们提供了有力的研究工具。柯西对定积分也进行了系统的研究。他将定积分定义为和的极限，即在积分区间内将函数值分割成无数个小的增量，然后求和并取极限。这种定义方式不仅直观易懂，而且便于进行数学处理。柯西还利用中值定理严格证明了微积分基本定理，即微分与积分之间

的互逆关系，这一成果为微积分学的发展注入了新的活力。

（二）魏尔斯特拉斯的贡献

魏尔斯特拉斯在柯西的基础上进一步深化了极限理论。他通过引入一致收敛性概念，消除了微积分学中因无穷小量处理不当而产生的各种异议和混乱。魏尔斯特拉斯还定量地给出了极限概念的定义（即 ε-δ 方法），这一方法为微积分学的严格化提供了强有力的数学工具。他的工作使得极限理论更加完善，为微积分学的发展奠定了更加坚实的基础。

魏尔斯特拉斯认为实数是全部分析的本源，要使分析严格化，就首先要使实数系本身严格化。他给出了第一个严格的实数定义，并通过严密的推理将实数归结为整数（有理数）。这一成果不仅为微积分学的发展提供了必要的数学基础，也为整个数学分析领域的发展开辟了新的道路。

魏尔斯特拉斯还是一位杰出的教育家。他致力于微积分学教育的普及工作，通过编写教材、开设讲座等方式将微积分学的知识传播给更广泛的受众。他的教学方法和研究成果对后来的数学家们产生了深远的影响，为微积分学在全球范围内的传播和发展做出了重要贡献。

（三）微积分思想的传播与影响

柯西和魏尔斯特拉斯等人的工作得到了学术界的广泛认可。他们的研究成果不仅推动了微积分学的发展，也为整个数学分析领域的发展注入了新的活力。他们的名字被永载史册，成为数学史上不可磨灭的丰碑。

随着微积分思想的不断完善和传播，微积分学逐渐成为全球教育体系中的重要组成部分。从中学到大学，微积分学都是数学课程中的核心内容之一。学生们通过学习微积分学不仅可以掌握一门重要的数学工具，还可以培养逻辑思维能力和问题解决能力。微积分学在科学技术领域的应用也日益广泛。无论是物理学、工程学还是经济学等领域都需要借助微积分学的知识来解决实际问题。微积分学的发展不仅推动了科学技术的进步还促进了人类社会的繁荣与发展。

第二节　积分学与微分学的基本原理

一、积分学的基本原理：定积分、不定积分及其性质

积分学，作为微积分学的两大支柱之一，与微分学共同构建了现代数学的基础框架。积分学主要研究的是函数的累积效果，它通过定积分和不定积分两种形式，为我们提供了一种计算面积、体积、物理量累积等问题的有力工具。

（一）定积分的基本原理

定积分是积分学的重要组成部分，它表示的是函数在某一区间上的累积效果。具体来说，对于一个给定的函数 $f(x)$ 和在 x 轴上的两个点 a、b（$a<b$），定积分 ∫ $[a,b]f(x)\mathrm{d}x$ 表示的是函数 $f(x)$ 在区间 $[a,b]$ 上与 x 轴所夹的面积（当 $f(x)\geqslant 0$ 时）或所夹面积的相反数（当 $f(x)<0$ 时）。

定积分的计算基于“分割、近似、求和、取极限”的思想。具体来说，可以将区间 $[a,b]$ 分割成 n 个小区间，每个小区间的长度为 Δx，然后在每个小区间上选取一个代表点 ξi，计算函数 $f(\xi i)$ 与 Δx 的乘积，即 $f(\xi i)\Delta x$，这个乘积可以近似地看作是函数在该小区间上与 x 轴所夹的小矩形的面积。接着，将所有小矩形的面积相加，得到函数在区间 $[a,b]$ 上与 x 轴所夹的面积的近似值。最后，当将区间分割得越来越细，即 n 越来越大，Δx 越来越小，这个近似值就越来越接近真实的面积值，也就是定积分的值。

定积分具有许多重要的性质，如线性性质、可加性、保号性等。这些性质使得我们在计算定积分时能够更加灵活和方便。例如，线性性质表明，定积分中的被积函数可以进行线性运算，即对于两个函数的和或差的定积分，可以分别对每个函数进行定积分后再进行相加或相减。可加性则表面，如果一个区间可以被分割成两个或多个子区间，那么函数在这个区间上的定积分等于它在各个子区间上的定积分的和。保号性则保证了当被积函数在整个区间上保持同号时，定积分的值也保持同号。

（二）不定积分的基本原理

不定积分与定积分有着密切的联系，但又有着本质的区别。不定积分表示的

是函数的原函数或反导数，即对于一个给定的函数 $f(x)$，如果存在另一个函数 $F(x)$，使得 $F'(x)=f(x)$，那么我们就说 $F(x)$ 是 $f(x)$ 的一个原函数，而求 $f(x)$ 的原函数的过程就称为不定积分。

不定积分的计算主要依赖于基本的积分公式和积分法则。基本的积分公式包括幂函数的积分、指数函数的积分、对数函数的积分、三角函数的积分等。这些公式提供了一类特定函数的原函数。而积分法则则包括线性法则、乘法法则、除法法则、链式法则等，它们明确了如何对复合函数、乘积函数、商函数等进行不定积分。

不定积分的一个重要性质是，如果 $F(x)$ 是 $f(x)$ 的一个原函数，那么 $F(x)+C$（其中 C 是任意常数）也是 $f(x)$ 的原函数。这是因为对于任意常数 C，其导数为 0，所以 $(F(x)+C)'=F'(x)+0=f(x)$。这个性质表明不定积分的结果不是唯一的，而是有一个常数项的差异。因此，在计算不定积分时，需要加上一个积分常数来表示这种不确定性。

（三）定积分与不定积分的关系

定积分与不定积分虽然都是积分学的重要组成部分，但它们之间有着本质的区别和联系。

不定积分是求函数的原函数或反导数的过程，其结果是一个函数或函数族（加上积分常数）。而定积分则是求函数在某一区间上的累积效果的过程，其结果是一个具体的数值。

然而，定积分与不定积分之间又存在着密切的联系。一方面，可以通过不定积分来求解定积分。具体来说，可以先求出被积函数的一个原函数，然后利用原函数在积分区间端点上的函数值之差来计算定积分的值。这种方法被称为牛顿-莱布尼茨公式或微积分基本定理，它是连接不定积分与定积分的桥梁。另一方面，定积分也可以为不定积分提供一些启示和帮助。例如，在求解某些复杂函数的不定积分时，可以先尝试求解该函数在某个特定区间上的定积分，然后通过观察定积分的计算过程和结果来猜测原函数的形式。这种方法虽然不具有严格性，但在某些情况下可以为我们提供一些有益的启示和思路。

（四）积分学在数学和物理领域的应用

积分学作为微积分学的重要组成部分，在数学和物理领域有着广泛的应用。在数学领域，积分学被用于求解面积、体积、弧长、曲率等几何问题；被用于求解微分方程、差分方程等数学问题；还被用于证明一些重要的数学定理和公式。

在物理领域，积分学更是发挥着举足轻重的作用。例如，在力学中，可以通过积分来求解物体的质量、动量、动能等物理量；在电磁学中，积分被用于计算电场、磁场、电磁感应等物理现象；在热力学中，积分则被用于计算热量、功、内能等热力学量。此外，积分学还在光学、声学、流体力学等其他物理学科中发挥着重要的作用。

二、微分学与积分学之间的内在联系：微积分基本定理

微积分，作为数学的一个核心分支，是研究变化、累积以及它们之间关系的学科。微分学与积分学，作为微积分的两大支柱，虽然表面上看起来处理的是相反的过程——微分关注局部变化率，而积分关注整体累积效果，但实际上它们之间存在着深刻的内在联系。这种联系的核心便是微积分基本定理，它不仅揭示了微分与积分之间的互逆关系，还为我们提供了计算定积分和求解微分方程的强大工具。

（一）微积分基本定理的概述

微积分基本定理，也称为牛顿-莱布尼茨公式，是微积分学中的一项基石。它建立了不定积分（原函数）与定积分之间的联系，使得我们可以通过求解不定积分来计算定积分，反之亦然。具体来说，微积分基本定理包含两部分内容：

第一基本定理：如果一个函数 $f(x)$ 在区间 $[a, b]$ 上连续，那么函数 $F(x) = \int [a, x] f(t)\ dt$（其中 $F(a) = 0$）就是 $f(x)$ 在区间 $[a, b]$ 上的一个原函数。换句话说，$F(x) = f(x)$。这一部分定理保证了连续函数原函数的存在性，并揭示了不定积分与微分之间的逆运算关系。

第二基本定理（牛顿-莱布尼茨公式）为如果一个函数 $f(x)$ 在区间 $[a, b]$ 上连续，那么 $f(x)$ 在区间 $[a, b]$ 上的定积分等于 $f(x)$ 的任意一个原函数在区间端点上的函数值之差，即 $\int [a, b] f(x)\,dx = F(b) - F(a)$，其中 $F(x)$ 是 $f(x)$ 的一个原函数。这一部分定理大大简化了定积分的计算过程，使得我们可以通过求解不定积分来求解定积分。

（二）微分学与积分学的内在联系

微分学与积分学之间的内在联系首先体现在它们的互逆关系上。微分是求函数在某一点处的变化率，即求导数；而积分则是求函数在某一区间上的累积效果，

即求原函数或定积分。微积分基本定理表明，一个函数的不定积分（原函数）的导数就是该函数本身，反之亦然。这种互逆关系使得我们在求解某些问题时可以灵活地在微分与积分之间进行转换，从而找到更简洁、更直观的解题方法。

微分与积分都是基于极限思想建立起来的。微分是通过求函数在某一点处的极限来定义导数的，它关注的是函数在该点附近的局部性质；而积分则是通过求函数在某一区间上分割后各小区间上的函数值乘积之和的极限来定义的，它关注的是函数在该区间上的整体性质。微积分基本定理将这两种看似不同的极限过程统一了起来，揭示了它们之间的内在联系。

从几何意义上来看，微分与积分也存在着相互关联。微分表示的是函数图像在某一点处的切线斜率，即局部线性近似；而积分则表示的是函数图像与 x 轴所夹区域的面积或体积等累积效果。微积分基本定理表明，通过求解不定积分（即找到原函数）并计算其在积分区间端点上的函数值之差，可以得到函数在该区间上的定积分值，即函数图像与 x 轴所夹区域的面积或体积。这种几何意义上的相互关联使得我们可以更加直观地理解微分与积分之间的关系。

在物理学中，微分与积分的关系得到了进一步的印证。例如，在力学中，速度是位移关于时间的导数（微分），它表示物体在某一时刻的运动快慢；而位移则是速度关于时间的积分，它表示物体在一段时间内运动的总距离。这种速度-位移的关系正是微分与积分互逆关系在物理学中的具体体现。类似地，加速度是速度关于时间的导数，力是动量关于时间的导数等，都体现了微分在描述物理量变化率方面的作用；而功是力关于位移的积分，动能是质量关于速度平方的积分等，则体现了积分在描述物理量累积效果方面的作用。

（三）微积分基本定理的应用

微积分基本定理不仅在理论上揭示了微分与积分之间的内在联系，还在实际应用中发挥着巨大的作用。它广泛应用于物理学、工程学、经济学、计算机科学等领域，成为解决实际问题的重要工具。

在物理学中，微积分基本定理被用于计算质点系的质心、分析物体的运动状态、求解电磁场分布等问题。在工程学中，它被用于计算结构的稳定性、分析控制系统的动态响应、优化工程设计等问题。在经济学中，微积分基本定理被用于描述投入—产出的关系、分析市场供求平衡、评估政策效果等问题。在计算机科学中，它被用于图像处理、数据分析、算法优化等领域。

四、微分学与积分学在高等数学中的地位与作用

微分学与积分学在高等数学中占据着举足轻重的地位，它们不仅是数学分析的核心组成部分，也是连接数学与其他自然科学、工程技术领域的重要桥梁。

（一）微分学与积分学在高等数学中的地位

高等数学，作为大学阶段数学教育的重要组成部分，其核心在于数学分析。而微分学与积分学正是数学分析的两大支柱。微分学主要研究函数在某一点或某一邻域内的局部变化特性，通过求导来揭示函数的变化率；积分学则关注函数在某一区间上的整体累积效果，通过定积分和不定积分来计算面积、体积、物理量累积等。这两部分内容的有机结合，构成了数学分析的基本框架。

微分学与积分学的发展不仅丰富了数学的理论体系，还推动了其他数学分支的兴起。例如，以微积分为基础，产生了微分方程、无穷级数、微分几何、复变函数等重要数学分支。这些分支学科在各自领域内发挥着重要作用，进一步推动了数学的深入发展。在高等教育体系中，微积分作为数学、物理、工程、经济等多个专业的必修课程，其重要性不言而喻。通过学习微分学与积分学，学生能够掌握处理变化与累积问题的基本工具和方法，为后续专业课程的学习打下坚实的基础。

（二）微分学与积分学在高等数学中的作用

微分学与积分学在解决实际问题中发挥着巨大作用。在物理学中，它们被用于描述物体的运动状态、分析力学系统的平衡与稳定性、求解电磁场分布等；在工程学中，它们被用于计算结构的应力与变形、分析控制系统的动态响应、优化工程设计等；在经济学中，它们被用于描述经济变量的变化趋势、分析市场供求平衡、评估政策效果等。这些应用不仅体现了微分学与积分学的实用价值，也推动了相关领域的发展与进步。

微分学与积分学作为数学与其他学科之间的桥梁，促进了学科之间的交叉融合。例如，在生物医学工程中，通过结合微积分与生物学知识，可以研究生物体的生理过程、分析药物在体内的分布与代谢等；在金融工程中，通过运用微积分与统计学方法，可以构建金融模型、评估投资风险与收益等。这些交叉融合不仅拓展了微分学与积分学的应用领域，也推动了相关学科的创新与发展。

微分学与积分学的学习过程也是培养学生数学思维与能力的过程。通过学习

微分学与积分学，学生能够掌握极限思想、逼近方法、逻辑推理等数学工具和方法，提高抽象思维能力、逻辑推理能力和问题解决能力。这些能力不仅在数学领域具有广泛应用价值，也是学生未来从事科学研究、工程技术、经济管理等领域工作所必备的基本素质。

（三）微分学与积分学在高等教育中的教学特点

在高等数学教学中，微分学与积分学的教学往往注重理论与实践相结合。一方面，通过讲解基本概念、定理和公式等理论知识，帮助学生建立扎实的数学基础；另一方面，通过引入实际问题案例和实验数据分析等实践环节，引导学生运用所学知识解决实际问题，提高实践能力和创新能力。

微分学与积分学的学习过程中涉及大量的计算方法和解题技巧。在教学过程中，教师往往注重讲解各种计算方法和解题技巧的应用条件和适用范围，帮助学生掌握高效、准确的计算方法和解题策略。同时，通过布置适量的练习题和作业题等训练环节，巩固学生所学知识并提高计算能力和解题速度。高等数学课程的学习难度较大且内容繁杂，因此培养学生的自主学习能力尤为重要。在教学过程中，教师可以通过引导学生阅读教材、查阅资料、参加讨论班等方式培养其自主学习能力；同时鼓励学生积极提问、勇于探索未知领域并尝试解决复杂问题以激发其学习兴趣和创造力。

第三节　微积分在解决实际问题中的应用

一、微积分在工程问题中的应用：如优化设计、控制问题等

微积分作为数学的一个重要分支，在工程领域有着广泛的应用。它为我们提供了解决复杂工程问题的有力工具，尤其在优化设计、控制问题等方面发挥着举足轻重的作用。

（一）微积分在优化设计中的应用

优化设计是工程领域的一个重要问题，它涉及如何在满足一定约束条件的前提下，找到使目标函数达到最优的解。微积分在优化设计中的应用主要体现在以下几个方面：

在优化设计中，通常需要求解目标函数的最大值或最小值。微积分中的导数概念提供了求解函数极值的方法。通过对目标函数求导，并令导数等于零，可以找到函数的驻点。进一步分析驻点的性质，可以确定函数在该点取得极大值、极小值还是拐点。在优化设计中，约束条件是不可忽视的。微积分中的拉格朗日乘数法提供了一种处理约束条件的有效方法。通过构造拉格朗日函数，并将约束条件融入其中，可以将约束优化问题转化为无约束优化问题，从而更方便地求解。

对于一些复杂的优化问题，直接求解可能非常困难。此时，可以利用微积分中的数值方法，如梯度下降法、牛顿法等，来迭代求解优化问题的近似解。这些方法通过不断迭代更新解的值，直到满足一定的收敛条件，从而得到优化问题的近似最优解。

（二）微积分在控制问题中的应用

控制问题在工程领域涉及如何设计控制系统，使得系统能够按照期望的方式运行。微积分在控制问题中的应用主要体现在以下几个方面：

在控制问题中，首先需要建立控制系统的数学模型。这通常涉及描述系统动态行为的微分方程或差分方程。微积分中的微分方程理论为提供了建立这些数学模型的基础。通过求解微分方程，可以了解系统的动态特性，并为后续的控制设计提供依据。

在建立了控制系统的数学模型后，需要设计控制器来实现对系统的控制。微积分中的控制理论提供了多种控制器设计方法，如 PID 控制、最优控制、自适应控制等。这些方法利用微积分中的概念和技术，如积分、导数、极值等，来设计控制器，使得系统能够按照期望的方式运行。

在控制问题中，稳定性是一个非常重要的概念。一个不稳定的控制系统可能会导致系统崩溃或无法正常工作。微积分中的稳定性理论提供了分析控制系统稳定性的方法。通过求解系统的特征方程，并分析其特征根的性质，可以判断系统的稳定性，并为后续的控制设计提供指导。对于一些复杂的控制问题，直接求解可能非常困难。此时，可以利用微积分中的数值方法，如龙格 - 库塔法、线性多步法等，来求解控制系统的数值解。这些方法通过离散化连续系统，将连续的控制问题转化为离散的数值问题，从而更方便地求解。

（三）微积分在工程问题中的综合应用

在实际的工程问题中，优化设计和控制问题往往是相互关联的。因此，需要综合运用微积分的知识来解决这些复杂问题。

例如，在机械设计中，需要优化机械零件的形状和尺寸，以提高机械的性能和效率。这涉及求解目标函数的极值问题，并考虑各种约束条件。同时，还需要设计控制系统来控制机械的运动和状态，以确保机械能够按照期望的方式工作。这涉及建立控制系统的数学模型、设计控制器并分析系统的稳定性。又如，在电力系统中，需要优化电力网络的布局和参数，以提高电力系统的稳定性和效率。同时，还需要设计控制系统来控制电力系统的运行和状态，以确保电力系统能够安全、稳定地供电。

二、微积分在经济问题中的应用

微积分作为数学的一个重要分支，其在经济领域的应用广泛而深入。从基础的边际分析到复杂的经济增长模型，微积分的应用帮助我们更精确地理解经济现象、预测经济趋势并做出优化决策。

在实际经济问题中，边际分析和经济增长模型往往是相互关联的。通过综合运用微积分的知识和方法，可以更全面地分析经济现象和制定经济政策。

例如，在分析税收政策对经济增长的影响时，可以利用边际分析来计算税收变化对边际成本和边际收益的影响，进而分析税收变化对企业利润和消费者行为的影响。同时，还可以利用经济增长模型来模拟和预测税收政策变化对整个经济系统的影响，从而为政策制定提供科学依据。

又如，在分析国际贸易问题时，可以利用微积分方法来分析不同贸易政策对进出口量、国内生产量和消费者福利的影响。通过求解相关函数的导数或建立动态方程来模拟国际贸易的动态过程，可以更深入地理解国际贸易的机制和政策效果。

三、微积分在其他领域的应用：如生物学、医学、社会学等

微积分作为数学的一个重要分支，其应用范围远不止于传统的物理和工程领域。在当今的跨学科研究中，微积分在生物学、医学、社会学等多个领域都发挥着举足轻重的作用。

（一）微积分在生物学中的应用

生物学是研究生命现象的科学，而微积分则为生物学家提供了描述和解释生命现象的有力工具。

在生物学中，种群的增长是一个重要的研究主题。微积分可以帮助我们建立种群增长的数学模型，如 Logistic 增长模型。通过求解这个模型的微分方程，可以了解种群数量随时间的变化规律，以及环境因素对种群增长的影响。

生态系统是一个复杂的生物群落与其环境相互作用的系统。微积分可以帮助我们建立生态系统的数学模型，如捕食 - 被捕食模型、竞争模型等。通过求解这些模型的微分方程，可以分析生态系统中各物种之间的相互作用关系，以及生态系统对外界干扰的响应。微积分在生理学研究中也有广泛应用。例如，在药代动力学中，微积分可以帮助我们描述药物在体内吸收、分布、代谢和排泄的过程。通过求解药代动力学方程的微分方程，可以了解药物在体内的浓度变化，以及药物的疗效和毒性。

（二）微积分在医学中的应用

医学是研究人类健康和疾病的科学，而微积分则为医学家提供了定量分析和预测疾病进展的有力工具。

流行病学是研究疾病在人群中传播和分布的规律。微积分可以帮助我们建立流行病学模型，如 SIR 模型、SEIR 模型等。通过求解这些模型的微分方程，可以了解疾病的传播速度、感染人数的变化规律，以及疫苗接种等防控措施的效果。医学图像处理是现代医学诊断的重要手段。微积分在医学图像处理中发挥着重要作用，如图像增强、边缘检测、三维重建等。通过利用微积分的概念和技术，可以对医学图像进行定量分析和处理，提高图像的清晰度和准确性，从而帮助医生做出更准确的诊断。

生理信号如心电图、脑电图等是医学诊断的重要依据。微积分可以帮助我们对这些生理信号进行定量分析和处理。例如，通过求解心电图信号的导数，我们可以得到心率的变化规律；通过求解脑电图信号的频谱，可以了解脑电活动的频率和强度。

（三）微积分在社会学中的应用

社会学是研究社会现象和人类社会行为的科学，而微积分则为社会学家提供了描述和解释社会现象的数学工具。

人口统计与预测是社会学研究的重要领域。微积分可以帮助我们建立人口增长的数学模型，如Malthus模型、Logistic模型等。通过求解这些模型的微分方程，可以了解人口数量随时间的变化规律，以及生育率、死亡率等因素对人口增长的影响。

社会网络是由个体和他们之间的关系构成的网络结构。微积分在社会网络分析中发挥着重要作用。例如，通过利用微积分的概念和技术，可以计算网络中个体的中心度、网络的密度和聚集度等指标，从而了解网络的结构特征和演化规律。社会动力学是研究社会现象如何随时间演变的科学。微积分可以帮助我们建立社会动力学的数学模型，如舆论传播模型、社会冲突模型等。通过求解这些模型的微分方程，可以了解社会现象的传播速度、演变规律和影响因素，从而为制定社会政策和解决社会问题提供科学依据。

（四）微积分在跨学科研究中的综合应用

在实际的科学研究中，生物学、医学和社会学等领域往往是相互关联的。因此，需要综合运用微积分的知识和方法来解决这些跨学科的复杂问题。

例如，在生态医学研究中，需要了解环境因素如何影响人类的健康和疾病。这涉及到生物学、医学和生态学等多个领域的知识。通过综合运用微积分的方法，可以建立跨学科的数学模型来描述环境因素、生理过程和疾病进展之间的相互作用关系。这不仅可以帮助我们更深入地理解生态医学问题，还可以为制定环境保护和健康政策提供科学依据。又如，在社会医学研究中，需要了解社会因素如何影响人类的健康和医疗服务。这涉及到社会学、医学和统计学等多个领域的知识。通过综合运用微积分的方法，可以建立跨学科的数学模型来描述社会因素、健康状况和医疗服务利用之间的相互作用关系。这不仅可以帮助我们更深入地理解社会医学问题，还可以为优化医疗资源配置和提高医疗服务效率提供科学依据。

第四节　微积分思想的教学策略与实践

一、微积分思想在数学课程中的教学安排与进度控制

微积分思想在数学课程中的教学安排与进度控制是一个复杂而细致的过程，

它涉及教学内容的选择与组织、教学方法的运用、教学进度的合理规划以及对学生学习情况的及时反馈与调整。

（一）教学内容的选择与组织

微积分思想的核心在于极限、导数、积分等基本概念及其在实际问题中的应用。因此，在教学内容的选择上，应首先确保这些基本概念和原理的准确传授。同时，还应介绍微积分的发展历史、重要人物及其贡献，以帮助学生更好地理解微积分思想的渊源和内涵。

微积分作为一门基础的数学课程，不仅具有深厚的理论价值，还广泛应用于各个学科领域。因此，在教学内容的组织上，应注重其实用性和时代性。例如，可以引入经济学中的边际分析、物理学中的运动学问题、生物学中的种群增长模型等实际案例，让学生感受到微积分思想的广泛应用和巨大价值。

根据学生的数学基础和认知水平，可以采用分层教学的策略。对于基础较好的学生，可以进一步拓展微积分思想的应用领域，如介绍更高级的积分技巧、微分方程等内容；对于基础较薄弱的学生，则应注重基本概念和原理的巩固，通过大量练习来加深理解。

（二）教学方法的运用

在教学过程中，可以引入微积分的发展历史和相关人物的资料，通过情境教学法让学生感受到微积分思想的产生和发展过程。这不仅有助于激发学生的学习兴趣，还能帮助他们更好地理解微积分思想的内涵和价值。

微积分思想不仅仅是一些数学公式和定理的堆砌，更是一种系统的思维方式。因此，在教学过程中应强调数学思想方法的应用。例如，在介绍导数概念时，可以引导学生通过观察函数图像的变化趋势来理解导数的几何意义；在介绍积分概念时，可以引导学生通过分割、取近似、求和、取极限等步骤来感受积分的思想方法。随着现代教育技术的发展，多媒体辅助教学已成为一种重要的教学手段。在微积分教学中，可以利用多媒体展示函数图像的变化过程、动态演示积分的计算过程等，使抽象的概念和原理变得直观易懂。

（三）教学进度的合理规划

在教学开始前，应明确微积分课程的教学目标和重点难点。教学目标应具体、可量化，以便在教学过程中进行有针对性的指导和评估。重点难点则是学生在学习过程中可能遇到的困难和障碍，需要教师提前做好准备和应对策略。

根据教学目标和重点难点，可以制定详细的教学计划。教学计划应包括每周的教学内容、课时安排、作业布置、复习测试等环节。在制定教学计划时，应充分考虑学生的实际情况和学习进度，确保教学计划的可行性和有效性。在教学过程中，教师应密切关注学生的学习情况，并根据实际情况灵活调整教学进度。例如，如果发现学生对某个概念或原理理解不够深入，可以适当增加课时进行补充讲解；如果发现学生学习进度较快且掌握情况良好，则可以适当加快教学进度或引入更高级的内容进行拓展。

（四）学生学习情况的反馈与调整

为了及时了解学生的学习情况，教师应定期进行测试与评估。测试内容应涵盖微积分思想的核心概念和原理，以及其在实际问题中的应用。通过测试评估，教师可以发现学生在学习过程中存在的问题和不足，为后续的教学提供有针对性的指导和改进方向。

针对学生在学习过程中遇到的问题和困惑，教师应提供个性化的辅导和答疑服务。个性化辅导可以根据学生的实际情况和需求进行有针对性的指导和帮助；答疑服务则可以通过课堂答疑、课后辅导等方式进行及时解决学生的疑问和困惑。

为了更好地了解学生的学习情况和需求，教师可以建立学习反馈机制。例如，可以通过问卷调查、座谈会等方式收集学生对微积分课程教学的意见和建议；同时也可以通过观察学生的学习状态、作业完成情况等方式获取学生的学习反馈信息。通过建立学习反馈机制，教师可以及时发现问题并进行改进，优化教学安排与进度控制。

二、微积分思想教学中的重点与难点突破策略

微积分思想教学中的重点与难点突破策略是一个复杂而多维的过程，涉及教学内容的深度挖掘、教学方法的创新应用、学生学习心理的理解与引导等多个方面。

（一）重点内容的强化策略

微积分思想的核心在于极限、导数、积分等基本概念。在教学过程中，应深入解析这些核心概念，帮助学生建立清晰、准确的理解。例如，通过直观的图示、生动的例子来解释极限的思想，利用物理或经济中的实际问题来阐述导数的几何

意义和物理意义，通过分割、近似、求和、取极限的步骤来展示积分的计算过程。

微积分中的许多定理和公式都是通过严格的逻辑推理得出的。在教学中，应重视定理与公式的推导过程，让学生不仅知其然，而且知其所以然。通过推导过程，学生可以更好地理解定理和公式的内涵和外延，掌握其应用条件和方法。微积分思想广泛应用于各个学科领域。在教学过程中，应加强实际应用案例的讲解，让学生感受到微积分思想的实用价值。通过引入经济学中的边际分析、物理学中的运动学问题、生物学中的种群增长模型等实际案例，可以激发学生的学习兴趣，加深对微积分思想的理解。

（二）难点的攻克策略

针对不同学生的数学基础和认知水平，可以采用分层教学的策略。对于基础较好的学生，可以进一步拓展微积分思想的应用领域；对于基础较薄弱的学生，则应注重基本概念和原理的巩固。同时，对于个别学生在学习中遇到的困难，教师应提供个别辅导，帮助他们克服难点。

现代教学技术如多媒体、计算机辅助教学软件等可以为微积分教学提供有力的支持。通过引入这些技术，可以将抽象的微积分概念直观化、生动化，降低学生的学习难度。微积分中的许多难点都涉及到逻辑推理和证明过程。在教学过程中，应强化逻辑推理与证明训练，培养学生的逻辑思维能力和问题解决能力。通过引导学生分析问题的本质、构建解题思路、进行严格的逻辑推理和证明，可以帮助学生攻克微积分学习中的难点。

（三）教学策略的创新

问题导向教学法是一种以问题为中心的教学方法，通过提出问题、分析问题、解决问题的过程来引导学生学习。在微积分教学中，可以引入问题导向教学法，让学生在实际问题中感受微积分思想的应用和价值。例如，在介绍导数概念时，可以提出“如何求解曲线的切线斜率？”的问题；在介绍积分概念时，可以提出“如何求解曲线下方的面积？”的问题。通过这些问题引导学生深入思考和学习。合作学习模式是一种以小组为单位的学习方式，通过小组成员之间的合作与交流来共同完成学习任务。在微积分教学中，可以采用合作学习模式来促进学生的互动与交流。通过小组合作解决问题、讨论难点、分享经验等方式可以帮助学生更好地理解和掌握微积分思想。同时，合作学习模式还可以培养学生的团队协作能力和沟通能力。

翻转课堂和混合式学习是近年来兴起的新型教学模式。翻转课堂将传统的课堂讲授环节转移到课外进行，让学生在课外通过观看视频、阅读资料等方式自主学习；而课堂则成为师生交流、答疑解惑的场所。混合式学习则结合了线上学习和线下学习的优点，通过线上资源提供丰富的学习材料和互动机会，同时保持线下课堂的互动性和针对性。在微积分教学中，可以采用翻转课堂和混合式学习模式来提高教学效率和效果。通过课前自主学习让学生初步掌握基本概念和原理；通过课堂互动和答疑解惑加深理解和巩固所学内容；通过课后练习和拓展阅读进一步巩固和拓展所学知识。

（四）学生学习心理的辅导

学习兴趣和动机是学生学习微积分的重要动力源泉。在教学过程中，教师应注重激发学生的学习兴趣和动机。通过引入生动有趣的案例、设置具有挑战性的任务、给予学生及时的鼓励和反馈等方式可以激发学生的学习兴趣和动机。同时，教师还应关注学生的学习态度和情感变化及时给予必要的心理支持和辅导。

自主学习能力是学生终身学习的重要能力之一。在微积分教学中，教师应注重培养学生的自主学习能力和习惯。通过引导学生制定学习计划、选择适合自己的学习方法、合理安排学习时间等方式可以帮助学生逐渐形成自主学习的习惯和能力。同时，教师还应鼓励学生在课外进行拓展阅读和思考以拓宽视野和深化理解。在学习微积分的过程中，学生可能会遇到各种困难和挫折感。教师应关注学生的学习情况和心理状态及时给予必要的帮助和支持。对于学习困难的学生可以提供个别辅导或推荐适合的学习资源；对于遇到挫折感的学生可以进行心理疏导和鼓励帮助他们重拾信心并继续努力。

三、微积分思想与现代教学技术的结合与应用：如多媒体教学、网络教学等

随着现代教学技术的快速发展，多媒体教学、网络教学等新型教学方式为微积分的教学带来了新的机遇。

（一）微积分思想的本质与特点

微积分思想的核心在于通过极限来研究变量的变化率和累积效果。它主要包括导数、积分等基本概念，以及这些概念在解决实际问题中的应用。微积分思想具有抽象性强、逻辑严密、应用广泛等特点。这些特点使得微积分的教学既具有

挑战性，又充满机遇。

（二）现代教学技术的发展与趋势

近年来，现代教学技术取得了显著的发展。多媒体教学、网络教学等新型教学方式逐渐兴起，为传统教学模式带来了革新。多媒体教学通过图像、声音、动画等多种媒体形式，将抽象的知识直观化、生动化，提高了学生的学习兴趣和效果。网络教学则打破了时间和空间的限制，使得学生可以随时随地进行学习，为自主学习和终身学习提供了便利。

（三）微积分思想与现代教学技术的结合

多媒体教学可以通过图像、动画等形式，将微积分的抽象概念直观化。例如，在介绍导数概念时，可以利用动画展示函数图像在某一点的变化趋势，帮助学生理解导数的几何意义。在介绍积分概念时，可以通过图像展示曲线下方的面积，引导学生理解积分的几何意义。此外，多媒体教学还可以提供丰富的例题和习题，帮助学生巩固所学知识。

网络教学为微积分的教学提供了更广阔的平台。通过网络教学，教师可以发布教学视频、课件等学习资源，供学生自主学习。学生可以在线观看教学视频，随时随地进行学习。同时，网络教学还可以提供在线测试、作业提交等功能，方便教师及时了解学生的学习情况，并给予针对性的指导。此外，网络教学还可以实现师生之间的实时互动和交流，增强教学的互动性和针对性。

随着计算机技术的不断发展，微积分教学软件也应运而生。这些软件通常具有强大的计算功能和图形展示功能，可以帮助学生更好地理解和掌握微积分知识。例如，一些微积分教学软件可以提供函数图像的绘制、导数和积分的计算等功能。学生可以通过这些软件进行自主学习和探究学习，加深对微积分知识的理解和应用。

（四）微积分思想与现代教学技术结合的挑战与对策

尽管现代教学技术为微积分的教学带来了诸多便利和机遇，但也面临着一些挑战。例如，多媒体教学和网络教学需要学生具备一定的自主学习能力和计算机操作能力；微积分教学软件的开发和应用需要投入大量的时间和精力等。为了应对这些挑战，可以采取以下对策：

第一，加强学生的自主学习能力和计算机操作能力的培养。教师可以通过布置自主学习任务、提供学习资源等方式，引导学生逐渐适应多媒体教学和网络教学的方式。第二，加大微积分教学软件的研发和推广力度。学校和教育机构可以投入更多的资金和资源，研发具有自主知识产权的微积分教学软件，并将其推广到实际教学中去。第三，结合传统教学模式和现代教学技术的优势。教师可以根据教学内容和学生的实际情况，灵活选择多媒体教学、网络教学或传统教学模式等教学方式，以达到最佳的教学效果。

四、评估学生微积分思想掌握情况的方法与途径：如作业、考试、项目等

微积分的教学一直面临着抽象性强、概念难以理解等挑战。因此，如何准确、全面地评估学生对微积分思想的掌握情况，成为微积分教学过程中的一个重要环节。

（一）作业评估

作业是评估学生微积分思想掌握情况的基础途径。通过布置具有针对性的作业，教师可以了解学生对微积分基本概念、定理和公式的理解程度，以及他们在运用微积分知识解决问题时的能力和思路。在作业中，教师可以设计一些基础题目，要求学生解释微积分的基本概念，如导数、积分等，或者证明一些基本的定理和公式。通过这些题目，教师可以初步判断学生对微积分基础知识的掌握情况。

除了基础题目，教师还可以在作业中布置一些应用题，要求学生运用微积分知识解决实际问题。这些题目可以涉及物理学、经济学、生物学等多个领域，以考察学生综合运用微积分知识的能力。同时，教师还可以通过学生的解题步骤和思路，了解他们对微积分思想的理解和运用程度。

（二）考试评估

考试是评估学生微积分思想掌握情况的重要手段。通过定期的考试，教师可以全面了解学生对微积分知识的掌握程度和应用能力。

在设计考试时，教师应注重考试内容的全面性和针对性。考试内容应涵盖微积分的基本概念、定理、公式以及应用题等多个方面。同时，考试形式也可以多样化，包括闭卷考试、开卷考试、口试等，以全面考察学生的微积分知识和能力。考试结束后，教师应对学生的考试成绩进行细致的分析。通过统计学生的得分情况，教师可以了解学生在哪些方面掌握得较好，哪些方面存在不足。同时，教师

还应及时向学生反馈考试成绩，并指出他们在考试中存在的问题和不足之处，以便学生有针对性地进行改进和提高。

（三）项目评估

项目评估是一种更为综合、全面的评估方法。通过让学生参与微积分相关的项目研究或实践活动，教师可以更深入地了解学生对微积分思想的掌握情况和应用能力。

在项目评估中，教师应指导学生选择合适的项目主题。项目主题可以涉及微积分在物理学、经济学、生物学等领域的应用，或者与当前社会热点问题相关的微积分问题。同时，教师还应为学生提供必要的指导和支持，帮助他们顺利完成项目研究。项目完成后，教师应对学生的项目成果进行评价。评价内容可以包括项目的创新性、实用性、研究方法的合理性以及学生在项目研究过程中的表现等。同时，教师还可以组织学生进行项目成果的展示和交流，以进一步提高学生的微积分应用能力和团队协作能力。

（四）其他评估方法与途径

除了作业、考试和项目评估外，教师还可以采用其他多种方法和途径来评估学生对微积分思想的掌握情况。

教师可以通过观察学生在课堂上的互动和表现来评估他们对微积分思想的掌握情况。例如，教师可以提问学生关于微积分的问题，观察他们的回答和思路；或者让学生在课堂上进行小组讨论和汇报，以了解他们对微积分知识的理解和应用能力。

教师可以要求学生撰写学习日志或反思报告，让他们记录自己在微积分学习过程中的心得体会、遇到的困难和解决方法等。通过学习日志和反思报告，教师可以了解学生对微积分学习的态度和投入程度，以及他们在学习过程中存在的问题和不足之处。

教师还可以采用同行评价和自我评价的方式来评估学生对微积分思想的掌握情况。同行评价可以让学生相互评价彼此在微积分学习中的表现和成果；自我评价则可以让学生反思自己在微积分学习过程中的优点和不足，并制定改进计划。

第八章 数形结合思想

第一节 数形结合的基本概念与意义

一、数形结合思想的定义及其在数学中的地位

数形结合思想，作为数学中的一种重要思想方法，其独特性和重要性在数学领域中尤为突出。它通过将抽象的数学语言与直观的图形相结合，使得我们能够更加深入地理解和解决数学问题。

（一）数形结合思想的定义

数形结合思想，简而言之，就是将数学中的“数”与“形”两个基本元素紧密结合，通过它们之间的相互转化和诠释，来揭示数学问题的本质和规律。这一思想方法强调在解决数学问题时，不仅要关注问题的代数形式，还要善于将其转化为图形形式进行考察；反之，也要能够将图形问题转化为代数问题进行求解。

数形结合思想的实质在于代数问题与图形问题之间的相互转化和补充。它要求我们具备一种灵活的思维方式，能够在数与形之间自由切换，从而更加全面地把握数学问题的本质。这种转化不仅有助于我们更深入地理解数学问题的内在联系，还能激发我们的创新思维，发现新的解题方法和思路。

（二）数形结合思想在数学中的地位

数形结合思想在数学中的地位是不可替代的。它不仅贯穿于数学的各个分支领域，如代数、几何、分析、概率统计等，还是连接这些领域的重要桥梁。

数形结合思想是数学理论构建的重要基础之一。在数学的发展过程中，许多重要的定理和公式都是通过数形结合的方法得出的。例如，微积分的基本定理就是数形结合思想的杰出体现，它将函数的积分与导数紧密联系起来，揭示了微分

与积分之间的内在联系。这种数与形的结合不仅使得微积分理论更加完善，也为后续的数学研究提供了重要的思想和方法。数形结合思想是解决数学问题的重要工具。在面对复杂的数学问题时，往往难以直接通过代数方法找到解题思路。此时，数形结合思想便显得尤为重要。通过绘制图形、分析图形性质等方法，可以将抽象的数学问题转化为直观的图形问题，进而找到解题的突破口。这种转化不仅简化了解题过程，还提高了解题的准确性和效率。

数形结合思想是培养数学思维的重要途径之一。在运用数形结合思想解决问题的过程中，需要不断地进行数与形之间的转换和联想以助于锻炼思维的灵活性和敏捷性。同时，数形结合思想还要求我们具备较高的抽象思维能力和形象思维能力，这有助于我们全面、深入地理解数学问题的本质和内在联系。因此，通过数形结合思想的培养和训练，可以有效地提高学生的数学思维能力和素养。数形结合思想也是推动数学教育改革的重要导向之一。

随着时代的发展和教育理念的更新，传统的数学教育方式已经难以满足现代社会的需求。数形结合思想作为一种先进的教学理念和方法，为数学教育改革提供了新的思路和方向。它要求我们在数学教学中注重数与形的结合与转换，注重培养学生的直观感知能力和抽象思维能力；同时，它还要求我们创新教学方式和手段，充分利用现代信息技术等教学资源来丰富课堂教学内容和形式。这些要求不仅符合现代教育的理念和发展趋势，也为数学教育的改革和发展注入了新的活力和动力。

数形结合思想在数学应用中发挥着桥梁的作用。在实际问题中，很多数学问题都可以转化为图形问题进行求解，或者通过图形化的方式更加直观地理解和解决。例如，在物理学中，很多物理量之间的关系可以通过图像来直观地表示和理解；在经济学中，很多经济模型也可以通过图形化的方式进行展示和分析。这种数与形的结合使得数学问题更加贴近实际应用，也为数学在其他领域的应用提供了重要的思想和方法。

二、数形结合思想的基本特征：直观性、简洁性、普适性

在数形结合思想的众多特征中，直观性、简洁性和普适性尤为突出，它们共同构成了数形结合思想的核心魅力。

（一）直观性

直观性是数形结合思想最为显著的特征之一。直观性体现在数与形之间的直接对应关系上，使得抽象的数学概念得以通过具体的图形得以直观呈现。这种直观性不仅降低了数学理解的难度，还极大地提高了数学问题的可解性。在传统的数学教学中，许多数学概念和定理往往以抽象的形式呈现，学生理解起来较为困难。而数形结合思想通过图形化的手段，将这些抽象的概念和定理转化为直观的图形，使得学生能够更加容易地理解和掌握。

数形结合思想的直观性还体现在解题过程中。通过将数学问题转化为图形问题，学生可以利用图形的直观性来寻找解题线索和突破口。这种图形化的解题方式往往比纯粹的代数运算更加直观和高效。例如，在解决不等式问题时，通过绘制数轴并标出不等式的解集范围，学生可以迅速找到答案，避免了复杂的代数运算过程。数形结合思想的直观性还有助于激发学生的学习兴趣。相比于枯燥乏味的代数运算，图形化的教学方式更加生动有趣。通过绘制图形、观察图形变化等方式，学生可以更加直观地感受到数学的魅力，从而增强对数学学科的兴趣和热爱。

（二）简洁性

简洁性体现在数与形之间的相互转化过程中，通过简洁明了的图形来揭示复杂的数学规律和问题本质。这种简洁性不仅使得数学问题得以简化处理，还提高了数学表达的准确性和清晰度。

在解决复杂的数学问题时，数形结合思想往往能够通过简洁的图形来揭示问题的本质和规律。这种简洁化的处理方式不仅降低了问题的难度和复杂度，还提高了解题的效率和准确性。例如，在解析几何中，通过建立坐标系并利用代数方程来描述几何图形的位置和性质，可以将复杂的几何问题转化为简洁的代数问题进行求解。数形结合思想的简洁性还体现在数学表达的准确性上。通过简洁明了的图形来呈现数学概念和定理，可以避免因语言表述不清或符号使用不当而导致的误解和混淆。这种准确的数学表达不仅有助于学生的理解和掌握，还为后续的数学研究提供了坚实的基础。

数形结合思想的简洁性还有助于培养学生的简约思维。在数学学习过程中，学生需要学会抓住问题的本质和关键点，忽略不必要的细节和干扰因素。通过数形结合思想的训练和实践，学生可以逐渐培养出这种简约思维的能力，从而更加高效地解决数学问题。

（三）普适性

普适性体现在数形结合思想在数学各个领域中的广泛应用和普遍适用性上。无论是代数、几何、分析还是概率统计等领域，数形结合思想都发挥着重要的作用。

数形结合思想的普适性首先体现在其跨领域的应用上。无论是纯粹的代数问题还是复杂的几何问题，都可以借助数形结合思想进行求解。此外，在概率统计、微积分等领域中，数形结合思想也发挥着重要的作用。例如，在概率统计中，通过绘制直方图、折线图等图形来展示数据的分布规律和变化趋势；在微积分中，通过绘制函数图像来直观地展示函数的增减性、极值点等性质。

数形结合思想的普适性还体现在其普遍适用性上。无论是对于初学者还是对于资深研究者来说，数形结合思想都是一种重要的思维方式和解题工具。对于初学者来说，数形结合思想可以帮助他们更好地理解和掌握数学概念；对于资深研究者来说，数形结合思想则可以提供新的思路和视角来探索数学领域的未知领域。

数形结合思想的普适性还体现在其对数学发展的推动作用上。通过数形结合思想的广泛应用和实践，数学研究者可以更加深入地探索数学领域的内在规律和本质特征。这种探索不仅有助于推动数学理论的发展和完善，还为其他学科领域的研究提供了重要的数学工具和方法。例如，在物理学、经济学等领域中，数形结合思想的应用已经取得了显著的成果和进展。

三、数形结合思想与其他数学思想的关联与区别

数形结合思想，作为众多数学思想中一种独特且重要的思维方式，不仅在数学领域内部发挥着举足轻重的作用，还与其他数学思想之间存在着千丝万缕的联系与区别。

（一）数形结合思想与其他数学思想的关联

分类讨论思想是自然科学乃至社会科学研究中的基本逻辑方法，当被研究的问题包含多种可能的情况不能一概而论时，就要按照可能出现的各种情况进行分类讨论，从而得出各种情况下的结论。数形结合思想与分类讨论思想在某种程度上具有相通之处。在利用数形结合思想解决问题时，往往需要根据问题的具体情况，将抽象的数学语言转化为直观的图形，并对图形进行分类讨论，以便更好地把握问题的本质和规律。例如，在解决与几何图形相关的问题时，可能需要根据

图形的不同性质进行分类讨论，以便找到最合适的解题策略。

函数与方程思想强调通过建立函数关系或方程来求解数学问题。数形结合思想与函数与方程思想之间存在着密切的联系。一方面，数形结合思想可以通过绘制函数图像来直观地展示函数的性质和变化规律，从而帮助我们更好地理解函数关系；另一方面，在解决与方程相关的问题时，也可以通过数形结合的方法将方程转化为图形问题进行求解。例如，在求解一元二次方程时，可以利用二次函数的图像来找到方程的根或判断根的存在性。

归纳与演绎是数学中的两种基本推理方法。归纳法是从特殊到一般的推理方法，通过观察和分析个别或特殊事物来概括出一般性的结论；而演绎法则是从一般到特殊的推理方法，根据已知的一般性原理推导出个别或特殊事物的结论。数形结合思想在运用过程中也涉及了归纳与演绎的思想。例如，在通过观察和分析一系列特殊图形来发现其中的一般规律时，我们实际上是在运用归纳法；而在根据已知的数学原理和图形性质推导出新的结论时，我们则是在运用演绎法。

（二）数形结合思想与其他数学思想的区别

数形结合思想与其他数学思想的一个显著区别在于其直观性。数形结合思想通过数与形的结合将抽象的数学语言转化为直观的图形表示，使得复杂的数学问题得以简化处理。相比之下，其他数学思想如分类讨论思想、函数与方程思想等虽然也具有一定的直观性但它们更多地依赖于逻辑推理和代数运算等抽象手段来解决问题。因此数形结合思想在直观性，方面具有独特的优势。

数形结合思想还强调形象性与逻辑性的结合。它通过直观的图形展示来帮助学生理解抽象的数学概念和定理，并通过逻辑推理来验证和推导图形的性质。这种形象性与逻辑性的结合使得数形结合思想在解决数学问题时既具有直观性又具有严密性。而其他数学思想如归纳与演绎思想等则更多地侧重于逻辑推理和代数运算等抽象手段的运用，相对较少涉及形象性的展示。数形结合思想与其他数学思想在适用范围上也存在一定的区别。数形结合思想特别适用于那些可以通过图形直观展示的数学问题如几何问题、函数问题等。而对于那些纯粹依赖于代数运算和逻辑推理的问题，如代数方程求解、数列求和问题等数形结合思想的应用则相对有限。相比之下，其他数学思想如函数与方程思想、归纳与演绎思想等则具有更广泛的适用范围，可以应用于各种类型的数学问题中。

四、数形结合思想在培养学生数学思维中的作用

在数学学习中，直观感知是学生理解数学概念、掌握数学方法的基础。数形结合思想通过直观的图形展示，将抽象的数学概念、定理等转化为具体、形象的图形语言，从而降低了学生理解的难度。例如，在学习函数时，学生可以通过绘制函数图像来直观地观察函数的增减性、极值点等性质，进而加深对函数概念的理解。这种直观感知的培养，不仅有助于学生更好地理解和掌握数学知识，还能激发他们对数学的兴趣和好奇心。

数形结合思想不仅仅是一种直观的思维方式，它还蕴含着严密的逻辑推理。在数与形的相互转化过程中，学生需要运用逻辑推理来验证和推导图形的性质，这种推理过程有助于培养学生的逻辑思维能力。例如，在解决几何问题时，学生需要通过逻辑推理来推断出图形的性质，进而找到解题的线索。这种逻辑推理的训练，不仅提高了学生的解题能力，还培养了他们的严谨性和条理性。

数形结合思想鼓励学生通过数与形的相互转化来探索数学问题的新解法和新思路。这种探索过程需要学生充分发挥自己的想象力和创造力，从而培养了他们的创新思维能力。例如，在解决一些复杂的数学问题时，学生可以尝试通过绘制图形来找到解题的突破口，这种图形化的解题方式往往能够带来意想不到的解题效果。这种创新思维的训练，不仅有助于提高学生的解题效率，还能培养他们的创新意识和探索精神。

虽然数形结合思想强调直观性，但它在培养学生抽象思维能力方面也发挥着重要作用。在数与形的相互转化过程中，学生需要将具体的图形语言转化为抽象的数学语言，或者将抽象的数学语言转化为具体的图形语言。这种转化过程需要学生具备一定的抽象思维能力。例如，在学习解析几何时，学生需要通过建立坐标系并利用代数方程来描述几何图形的位置和性质，这种过程需要学生将具体的几何图形转化为抽象的代数方程。这种抽象思维的训练，不仅提高了学生的数学素养，还培养了他们的抽象思维能力和符号意识。

数形结合思想是一种有效的解题策略，它通过将数学问题转化为图形问题来简化处理过程。这种转化过程需要学生具备一定的问题解决能力。例如，在解决不等式问题时，学生可以通过绘制数轴并标出不等式的解集范围来找到答案。这种图形化的解题方式不仅提高了学生的解题效率，还培养了他们的问题解决能力和实际应用能力。数形结合思想不仅仅局限于数学领域，它还与其他学科有着密

切的联系。例如，在物理学中，学生可以通过绘制运动轨迹图来直观地理解物体的运动规律；在经济学中，学生可以通过绘制供需曲线图来分析市场均衡状态。这种跨学科的应用不仅拓宽了学生的知识视野，还培养了他们的跨学科思维能力和综合运用知识的能力。

第二节　通过数形结合解决几何问题

一、利用数形结合思想解决几何问题的基本步骤与策略

在几何领域，数形结合思想的应用尤为广泛，它为我们提供了一种全新的视角和工具，帮助我们更加深入地理解和解决几何问题。

在解决任何几何问题之前，首先需要明确问题的具体要求，理解题意。这包括弄清楚题目中给出的条件、需要求解的结论以及它们之间的逻辑关系。对于复杂的几何问题，可能需要将问题分解成若干个更小、更具体的问题，以便逐一解决。

数形结合思想的第一步就是根据题目描述绘制出相应的图形。这一步的目的是将抽象的数学语言转化为具体的图形语言，以便我们能够直观地感知和理解问题。在绘制图形时，需要注意图形的准确性、完整性和清晰性。准确性是指图形必须严格符合题目描述；完整性是指图形应该包含题目中所有相关的元素和关系；清晰性是指图形应该简洁明了，便于观察和分析。

在绘制好图形之后，需要将题目中给出的已知条件标注在图形上。这一步的目的是将已知条件与图形相结合，以便我们能够更加清晰地看到它们之间的几何关系。在标注已知条件时，可以使用不同的符号、颜色或文字来区分不同的元素和关系，以便后续的分析和推理。在标注好已知条件之后，需要开始探索图形中的几何规律，寻找解决问题的思路和方法。这一步是数形结合思想的核心所在，也是最具挑战性和创造性的一步。在探索规律时，可以尝试从不同的角度和层面去观察和分析图形，寻找它们之间的内在联系和规律。还可以尝试运用各种几何定理、性质或公式来推导和验证猜想和假设。

在找到解决问题的思路和方法之后，需要将图形语言转化为数学语言，将几何问题转化为代数问题或其他形式的问题进行求解。这一步是数形结合思想的关

键所在，也是实现问题简化和求解的关键步骤。在转化问题时，需要注意保持原问题的本质和规律不变，确保转化后的问题与原问题等价。在求解转化后的问题之后，需要将解法代回原问题进行验证，确保解法的正确性和有效性。这一步是数形结合思想的最后一步，也是确保问题得到正确解决的关键步骤。在验证解法时，需要注意检查解法的逻辑性和严谨性，确保没有遗漏或错误。如果解法正确有效，就可以得出最终的结论并结束解题过程。

二、数形结合在几何证明中的应用：如面积法、向量法等

（一）面积法在几何证明中的应用

面积法是数形结合在几何证明中的一种重要应用方式。它利用面积这一几何量来揭示图形之间的数量关系，进而达到证明的目的。面积法的应用广泛且灵活，可以用于证明线段相等、角度相等、比例关系等多种几何问题。

1. 面积法的基本原理

面积法的基本原理在于利用图形的面积来建立数量关系。在几何图形中，面积是一个具有明确几何意义的量，它可以通过测量或计算得到。同时，面积之间也存在着一定的数量关系，如相似图形的面积比等于相似比的平方等。这些数量关系为我们利用面积法证明几何问题提供了基础。

2. 面积法的具体运用

面积法在几何证明中的具体运用多种多样。

证明线段相等：在某些情况下，可以利用面积相等来证明线段相等。例如，在两个三角形中，如果它们的高相等且底边所对的角也相等，那么这两个三角形的面积就相等。如果这两个三角形还共享一条边，那么这条共享边就是两个三角形的底边，从而可以证明这条边在两个三角形中是相等的。

证明角度相等：面积法也可以用于证明角度相等。例如，在圆中，如果两个扇形具有相同的弧长和相同的半径，那么这两个扇形的面积就相等。由于扇形的面积与其中心角成正比，因此可以证明这两个扇形的中心角也是相等的。

证明比例关系：面积法还可以用于证明图形之间的比例关系。例如，在相似三角形中，由于对应边之间的比例关系与面积之间的比例关系是一致的（即面积比等于相似比的平方），因此可以利用面积法来证明相似三角形中的比例关系。

（二）向量法在几何证明中的应用

向量法是数形结合在几何证明中的另一种重要应用方式。它利用向量的数量关系和几何意义来揭示图形之间的位置关系和度量关系，进而达到证明的目的。向量法的应用同样广泛且灵活，可以用于证明平行、垂直、共线、距离等多种几何问题。

1. 向量法的基本原理

向量法的基本原理在于利用向量的数量关系和几何意义来建立图形之间的位置关系和度量关系。向量是一个既有大小又有方向的量，它在几何图形中可以用有向线段来表示。通过向量的加法、减法、数乘和点积等运算，可以得到图形之间的位置关系和度量关系的信息。这些信息为我们利用向量法证明几何问题提供了基础。

2. 向量法的具体运用

向量法在几何证明中的具体运用同样多种多样。

证明平行与垂直：在几何图形中，平行和垂直是两种重要的位置关系。利用向量法，可以方便地证明图形之间的平行和垂直关系。例如，如果两个向量的点积为零，那么这两个向量就垂直；如果两个向量之间存在线性关系（即一个向量是另一个向量的数乘），那么这两个向量就共线（在二维平面内即平行）。

证明共线：共线是几何图形中另一种重要的位置关系。利用向量法证明共线关系时，通常需要找到一组共线的点或线段所对应的向量，并证明这些向量之间存在线性关系。

计算距离与夹角：在几何图形中，距离和夹角是两个重要的度量关系。利用向量法，我们可以方便地计算图形之间的距离和夹角。例如，两个点之间的距离可以通过计算它们之间向量的模来得到；两个向量之间的夹角可以通过计算它们的点积和模的比值来得到（利用余弦定理）。

（三）数形结合在几何证明中的优势

数形结合在几何证明中具有显著的优势。首先，它能够将抽象的数学问题转化为直观的图形问题，降低理解的难度；其次，它能够通过数与形之间的相互转化与结合揭示图形之间的隐藏关系，简化证明过程；最后，它能够提供多种有效的证明策略和工具（如面积法和向量法），提高证明的灵活性和多样性。

三、数形结合在几何计算中的应用：如距离、角度、面积等

在几何计算中，数形结合的思想尤为重要，因为它能够帮助我们将抽象的几何问题转化为直观的图形问题，进而利用图形的性质进行求解。

（一）距离的计算中的数形结合

距离是几何计算中的一个基本量，它表示两点之间的长短。在数形结合的思想下，可以通过构造图形来求解距离。

在直角坐标系中，两点之间的距离可以通过勾股定理来计算。这是因为直角坐标系中的点可以用坐标来表示，而两点之间的距离就是这两点坐标之差的平方和的平方根。这种计算方法正是数形结合思想的体现，它将几何问题转化为代数问题进行求解。

向量是数形结合思想在几何计算中的另一种重要应用。向量既有大小又有方向，它可以用来表示几何图形中的线段。通过向量的模长，可以计算两点之间的距离。这种计算方法不仅直观，而且具有广泛的适用性。

（二）角度的计算中的数形结合

角度是几何计算中的另一个基本量，它表示两条射线之间的夹角。在数形结合的思想下，可以通过构造图形来求解角度。

在直角三角形中，角度可以通过三角函数的定义来计算。这是因为直角三角形中的角度与边长之间存在一定的关系，这种关系可以用三角函数来表示。通过构造直角三角形并利用三角函数的性质，可以求解各种角度问题。

向量同样可以用来计算角度。在几何图形中，两条线段之间的夹角可以通过它们所对应的向量的点积和模长来计算。这种计算方法不仅直观，而且可以避免复杂的几何推导。

（三）面积的计算中的数形结合

面积是几何计算中的一个重要量，它表示几何图形所占平面的大小。在数形结合的思想下，可以通过构造图形来求解面积。

在几何计算中，可以将复杂的图形分解成矩形、三角形等基本图形，并分别计算它们的面积。然后，将这些基本图形的面积相加或相减，就可以得到复杂图形的面积。这种计算方法正是数形结合思想的体现，它将复杂的几何问题转化为

简单的代数问题进行求解。

向量同样可以用来计算面积。在几何图形中，可以通过构造向量并计算它们的叉积来求解面积。这种计算方法不仅直观，而且具有广泛的适用性。特别是在求解平行四边形、三角形等图形的面积时，向量法显得尤为方便。

（四）数形结合在几何计算中的优势与局限性

数形结合在几何计算中具有显著的优势。首先，它能够将抽象的几何问题转化为直观的图形问题，降低理解的难度；其次，它能够通过数与形之间的相互转化与结合揭示图形之间的隐藏关系，简化计算过程；最后，它能够提供多种有效的计算策略和工具（如直角坐标系、向量等），提高计算的灵活性和多样性。

然而，数形结合在几何计算中也存在一定的局限性。首先，对于某些复杂的几何问题，构造合适的图形可能比较困难；其次，数形结合的方法可能需要较多的几何直观和想象力，对于初学者来说可能不太容易掌握；最后，在某些情况下，数形结合的方法可能不是最优的解决方案，需要结合其他数学方法进行求解。

四、通过几何问题教学培养学生数形结合思想的实践方法

在几何问题教学中，培养学生数形结合思想具有重要意义，不仅有助于学生更深入地理解几何概念，还能提高他们的解题能力和数学素养。几何作为数学的一个重要分支，不仅研究空间形式和数量关系，还强调直观性和形象性。数形结合思想在几何学习中具有天然的优势，因为几何图形本身就是一种直观的数学语言。通过几何问题教学，教师可以引导学生将抽象的数学概念与具体的几何图形相结合，培养他们的数形结合思想。

（一）几何问题教学与数形结合思想的关系

几何问题教学是培养学生数形结合思想的重要途径。在几何问题中，学生需要分析图形的性质、关系以及变化规律，这些都需要他们运用数形结合的思想。同时，解决几何问题也需要学生具备一定的代数运算能力，这进一步促进了数与形的结合。

（二）实践方法

观察是理解几何图形的基础。在教学中，教师应引导学生仔细观察几何图形，包括图形的形状、大小、位置关系等。通过观察，学生可以初步感知几何图形的

性质，为后续的数形结合思想培养打下基础。

在解决几何问题时，教师应引导学生将几何图形与代数运算相结合。例如，在计算几何图形的面积或周长时，学生可以利用代数公式进行计算。通过这种方法，学生可以体会到数与形的紧密联系，进一步培养他们的数形结合思想。代数概念往往比较抽象，学生难以理解。此时，教师可以利用几何图形来解释代数概念。例如，在讲解函数时，教师可以利用函数的图像来帮助学生理解函数的性质。通过这种方法，学生可以将抽象的代数概念与具体的几何图形相结合，加深对概念的理解。

图形变换是几何学习中的重要内容。通过图形变换，学生可以更加深入地理解几何图形的性质。在教学中，教师应引导学生掌握图形变换的基本方法，如平移、旋转、对称等。同时，教师还可以利用图形变换来帮助学生理解一些复杂的几何问题。在解决几何问题的过程中，教师应引导学生总结数与形的规律。例如，在讲解相似三角形时，教师可以引导学生总结相似三角形的性质以及相似比与面积比之间的关系。通过总结规律，学生可以更加深入地理解数与形的联系，培养他们的数形结合思想。

第三节　通过数形结合解决代数问题

一、利用数形结合思想解决代数问题的基本思路与技巧

代数作为数学的一个重要分支，主要研究数、量、关系以及结构等抽象概念。然而，代数问题的抽象性往往使学生感到困惑和难以理解。此时，数形结合思想便成为了一种有效的解决策略。通过将代数问题与几何图形相结合，学生可以更加直观地理解代数概念，揭示代数问题的本质，从而找到解决问题的方法。

（一）数形结合思想在代数问题中的应用价值

第一，代数概念往往比较抽象，难以直接理解。而几何图形具有直观性和形象性，可以帮助学生更好地理解和掌握代数概念。

第二，通过数形结合，学生可以将复杂的代数问题转化为简单的几何问题，从而更容易揭示问题的本质和规律。

第三，数形结合思想为学生提供了多种解题思路和策略，使他们能够更加灵活地解决代数问题。

（二）利用数形结合思想解决代数问题的基本思路

首先，学生需要仔细观察代数表达式，尝试找出其中的规律和特点。

其次，根据代数表达式的特点，学生可以构造相应的几何图形，如线段、矩形、三角形等。

再次，利用几何图形的性质，学生可以分析代数表达式中的数量关系，从而找到解决问题的方法。

最后，学生需要将得到的解代入原代数表达式进行验证，确保解的正确性和合理性。

（三）利用数形结合思想解决代数问题的技巧

第一，学生需要熟练掌握基本几何图形的性质，如线段的长度、矩形的面积、三角形的内角和等。这些性质在解决代数问题时具有重要的作用。

第二，在解决代数问题时，学生需要灵活运用代数运算，如加法、减法、乘法、除法等。这些运算在构造和分析几何图形时具有关键的作用。

第三，在利用数形结合思想解决代数问题时，学生需要注意数与形的对应关系。例如，代数表达式中的变量可以对应几何图形中的线段长度或面积等。

第四，空间想象能力是解决几何问题的重要能力。在利用数形结合思想解决代数问题时，学生需要培养自己的空间想象能力，以便更好地构造和分析几何图形。

第五，在解决实际问题时，学生可以尝试将问题转化为代数问题，并利用数形结合思想进行求解。这种方法可以帮助学生更好地理解和应用数学知识。

二、数形结合在代数方程求解中的应用：如图像法、判别式法等

在代数方程的求解中，数形结合思想的应用尤为广泛。通过将代数方程转化为几何图形，可以直观地观察方程的解的情况，进而找到求解的方法。这种转化不仅简化了求解过程，还提高了求解的准确性和效率。

（一）图像法在代数方程求解中的应用

图像法是数形结合思想在代数方程求解中的一种重要应用。它通过将代数方程转化为几何图形，利用图形的性质来求解方程。具体来说，图像法主要包括以下几个步骤：

首先，需要将代数方程转化为几何图形。这通常是通过将方程中的变量视为坐标轴上的点或线来实现的。例如，一元二次方程可以转化为抛物线，一元一次方程可以转化为直线。

其次，转化完成后，需要对图形进行分析。这包括观察图形的形状、位置、交点等性质。这些性质与代数方程的解有着密切的联系。例如，抛物线与 x 轴的交点对应着一元二次方程的实根，直线的斜率对应着一元一次方程的解。

再次，通过分析图形的性质，可以找到代数方程的解。具体来说，可以通过观察图形的交点、极值点等特殊点来求解方程。这些特殊点对应着方程的解或解的范围。

图像法在代数方程求解中具有广泛的应用。它不仅可以用于求解一元一次方程、一元二次方程等简单方程，还可以用于求解更复杂的方程，如高次方程、分式方程等。通过图像法，可以直观地观察方程的解的情况，进而找到求解的方法。

（二）判别式法在代数方程求解中的应用

判别式法是数形结合思想在代数方程求解中的另一种重要应用。它主要用于判断一元二次方程的根的情况。具体来说，判别式法主要包括以下几个步骤：

首先，需要计算一元二次方程的判别式。判别式是一个与方程系数有关的表达式，它可以帮助我们判断方程的根的情况。

其次，通过计算判别式的值，可以判断一元二次方程的根的情况。具体来说，当判别式大于 0 时，方程有两个不相等的实根；当判别式等于 0 时，方程有两个相等的实根；当判别式小于 0 时，方程没有实根。

最后，在判断了根的情况后，可以根据具体情况选择适当的求解方法来求解方程。例如，当判别式大于 0 时，可以使用求根公式来求解方程；当判别式等于 0 时，可以直接得到方程的根；当判别式小于 0 时，说明方程没有实根。

判别式法在代数方程求解中具有重要的作用。它不仅可以帮助我们判断一元二次方程的根的情况，还可以提供求解方程的思路和方法。通过判别式法，可以更准确地求解代数方程，提高求解的效率和准确性。

（四）数形结合思想在代数方程求解中的优势与挑战

数形结合思想在代数方程求解中具有明显的优势。首先，它将抽象的代数概念与直观的几何图形相结合，使得我们可以更直观地理解代数方程的性质和解的情况。其次，数形结合思想为我们提供了多种求解代数方程的方法和思路，使得我们可以更灵活地选择适合的方法进行求解。最后，数形结合思想还可以帮助我们验证求解结果的正确性，提高求解的准确性。

然而，数形结合思想在代数方程求解中也面临着一些挑战。首先，对于一些复杂的代数方程，将其转化为几何图形可能比较困难或需要较高的数学技巧。其次，即使能够将代数方程转化为几何图形，也需要对图形进行准确的分析和判断才能找到方程的解。最后，数形结合思想在求解一些特殊类型的代数方程时可能并不适用或需要与其他方法相结合。

三、数形结合在代数不等式求解中的应用：如数轴法、图像法等

（一）数形结合思想在代数不等式求解中的概述

代数不等式是数学中的一个重要概念，它涉及变量、常数以及它们之间的关系。在求解代数不等式时，往往需要判断不等式的解集，即找出满足不等式的所有可能值。然而，由于代数不等式的抽象性，直接求解往往较为困难。此时，数形结合思想便成为了一种有效的求解策略。

数形结合思想在代数不等式求解中的应用，主要体现在将不等式转化为几何图形，利用图形的性质来判断不等式的解集。这种方法不仅简化了求解过程，还提高了求解的准确性和直观性。

（二）数轴法在代数不等式求解中的应用

数轴法是通过将不等式转化为数轴上的区间，直观地表示不等式的解集。具体来说，数轴法主要包括以下几个步骤：

首先，需要找出不等式中的关键点，即不等式等于 0 时的解。这些关键点将数轴分为若干个区间。

接下来，需要在每个区间内取一个代表数，代入不等式，判断该区间内不等式的真假。根据判断结果，可以确定每个区间内不等式的符号。

最后，根据每个区间内不等式的符号，确定不等式的解集。具体来说，如果某个区间内不等式为真，则该区间属于解集；如果为假，则不属于解集。

数轴法在代数不等式求解中具有广泛的应用。它不仅可以用于求解一元一次不等式、一元二次不等式等简单不等式，还可以用于求解更复杂的不等式，如分式不等式、绝对值不等式等。通过数轴法，可以直观地观察不等式的解集情况，进而找到求解的方法。

（三）图像法在代数不等式求解中的应用

图像法是通过将不等式转化为几何图形，利用图形的性质来判断不等式的解集。具体来说，图像法主要包括以下几个步骤：

首先，需要将不等式转化为几何图形。这通常是通过将不等式中的变量视为坐标轴上的点或线来实现的。例如，一元二次不等式可以转化为抛物线与其上方或下方的区域。

其次，转化完成后，需要对图形进行分析。这包括观察图形的形状、位置、交点等性质。这些性质与不等式的解集有着密切的联系。例如，抛物线的开口方向、顶点坐标、与坐标轴的交点等性质都可以帮助我们判断不等式的解集。

最后，通过分析图形的性质，可以找到不等式的解集。具体来说，可以通过观察图形中的特定区域（如抛物线的上方或下方）来确定不等式的解集。这些区域对应着满足不等式的所有可能值。

图像法在代数不等式求解中具有广泛的应用和重要的价值。它不仅可以帮助我们直观地观察不等式的解集情况，还可以为我们提供求解不等式的思路和方法。通过图像法，可以更准确地求解代数不等式，提高求解的效率和准确性。

第四节　数形结合在解决实际问题中的应用

一、数形结合在物理问题中的应用：如运动轨迹、速度图像等

数形结合是物理学中一种极为重要且普遍应用的方法论，它将抽象的数学语言与直观的图形相结合，为物理问题的解决提供了强有力的工具。这种方法在描

述运动轨迹、分析速度图像等物理现象时尤为显著，不仅简化了问题的复杂性，还使得物理规律更加直观易懂。

（一）运动轨迹中的数形结合

运动轨迹是描述物体在空间中随时间变化的位置变化轨迹。在物理学中，运动轨迹可以通过数形结合的方式，将物体的位置、速度、加速度等物理量以图形的形式表示出来，从而更直观地理解物体的运动状态。

物体的运动轨迹可以通过在坐标系中绘制其位置随时间变化的曲线来表示。例如，在二维平面内，可以选择 x 轴和 y 轴分别代表物体的水平位置和垂直位置，然后通过绘制物体在不同时刻的坐标点，并连接这些点形成轨迹曲线。这种图形化的表示方法，能够清晰地展现物体的运动路径，便于分析物体的运动方向和速度变化。通过观察和分析运动轨迹图，可以获取关于物体运动性质的丰富信息。例如，直线轨迹表示物体做匀速直线运动或匀变速直线运动；曲线轨迹则可能表示物体受到变力作用，如平抛运动、圆周运动等。此外，轨迹的曲率变化还可以反映物体加速度的变化情况。通过数形结合的方法，可以将复杂的运动状态转化为直观的图形语言，从而更容易地理解和分析物体的运动性质。

（二）速度图像中的数形结合

速度图像是描述物体速度随时间变化关系的图形表示方法。在物理学中，速度图像（如 V-t 图像）是分析物体运动状态的重要工具。通过数形结合的思想，可以将速度公式或关系式转化为图形语言，从而更直观地观察和分析速度的变化规律。

V-t 图像以时间为横坐标，速度为纵坐标，通过绘制物体在不同时刻的速度值来表示其速度随时间的变化关系。在 V-t 图像中，图像上的点表示物体在某一时刻的速度；图像的斜率表示物体的加速度；图像与横轴围成的面积（在时间轴上方为正，下方为负）表示物体在该段时间内的位移。这些几何特征使得 V-t 图像成为分析物体运动状态的有力工具。通过 V-t 图像，可以方便地分析物体的运动状态。例如，当图像为一条水平线时，表示物体做匀速直线运动；当图像为一条倾斜的直线时，表示物体做匀变速直线运动；当图像为曲线时，则表示物体做变速运动。此外，还可以通过观察图像的斜率来判断物体的加速度方向和大小；通过计算图像与横轴围成的面积来求解物体的位移。这些分析方法不仅简化了计算过程，还使得物理规律更加直观易懂。

除了基本的V-t图像外，还可以根据具体问题构建其他类型的速度图像。例如，在力学中，可以利用a-t（加速度-时间）图像来分析物体的加速度变化；在电学中，可以利用I-t（电流-时间）图像来分析电路中电流的变化规律。这些拓展应用进一步丰富了数形结合在物理问题中的应用范围，使得我们能够更全面地理解和分析物理现象。

（三）数形结合在物理问题中的优势

数形结合在物理问题中的应用具有显著的优势。首先，它能够将抽象的物理概念转化为直观的图形语言，使得物理规律更加容易理解和记忆。其次，数形结合的方法能够简化计算过程，提高解题效率。通过图形的几何特征来求解物理问题，往往能够避免繁琐的代数运算和逻辑推理过程。最后，数形结合的方法还能够培养学生的创新思维和解决问题的能力。通过观察和分析图形中的物理现象和规律，学生能够更好地掌握物理学的核心思想和方法论，从而在解决实际问题时能够灵活运用所学知识。

二、数形结合在工程问题中的应用：如优化设计曲线、稳定性分析等

在工程领域，数形结合作为一种强有力的工具，广泛应用于各种复杂问题的求解与优化过程中。通过将抽象的数学理论与直观的图形表达相结合，工程师们能够更深入地理解问题本质，从而设计出更加合理、高效的解决方案。

（一）数形结合在优化设计曲线中的应用

在工程设计中，曲线优化是一个常见且重要的问题。无论是机械部件的轮廓设计、建筑物的外观造型，还是电子产品的线路布局，都需要通过优化设计曲线来达到最佳的性能和美学效果。数形结合在这一过程中发挥了关键作用。

首先，将设计目标转化为可量化的数学指标，如最小化材料用量、最大化结构强度、优化流体动力学性能等。然后，利用计算机图形技术将这些数学指标以图形的形式展示出来，如三维模型、二维曲线图等。这些图形不仅直观展示了设计对象的外观形态，还包含了丰富的数学信息，如曲率、斜率、面积等。在图形化表示的基础上，运用数学方法进行数值分析，评估当前设计方案的性能指标。通过不断调整曲线的形状和参数，可以在图形界面上实时观察性能指标的变化趋

势，从而找到性能最优的设计方案。这种基于图形的数值分析方法极大地提高了优化设计的效率和准确性。

以汽车车身设计为例，需要优化设计曲线以减小风阻、提高燃油效率。首先利用CAD软件建立车身的三维模型，并通过CFD（计算流体动力学）仿真分析车身在不同风速下的气动性能。在仿真结果中，可以看到车身周围的气流分布、压力分布等图形化信息。然后，根据这些信息对车身曲线进行微调，并再次进行仿真分析以验证优化效果。通过反复迭代这一过程，最终能够得到性能最优的车身设计方案。

（二）数形结合在稳定性分析中的应用

稳定性是工程结构设计中至关重要的一个方面。无论是桥梁、建筑还是机械设备，都需要具备足够的稳定性以确保在各种工况下都能安全可靠地运行。数形结合在稳定性分析中的应用主要体现在以下几个方面：

首先，将复杂的力学问题转化为简化的力学模型，并通过图形化的方式表示出来。例如，在桥梁稳定性分析中，会将桥梁结构简化为梁、柱等基本构件的组合体，并在图形界面上绘制出桥梁的受力图、变形图等。这些图形不仅直观地展示了桥梁结构的受力状态和变形情况，还为后续的数值分析提供了基础。

其次，在图形化表示的基础上，运用数学方法进行数值分析，评估工程结构的稳定性。通常会建立力学方程或数学模型来描述结构的受力状态和变形情况，并通过求解这些方程来得到结构的稳定性参数（如临界载荷、失稳模态等）。在求解过程中，可以利用图形界面上的交互功能来设置边界条件、加载方式等参数，并实时观察求解结果的变化趋势。这样不仅可以提高求解效率，还可以更深入地理解结构的稳定性机理。

最后，在得到稳定性评估结果后，根据需要进行稳定性优化。可能会调整结构的尺寸、形状或材料等参数以改善稳定性性能。在优化过程中，数形结合的方法仍然发挥着重要作用。可以利用图形界面上的可视化工具来观察不同优化方案对稳定性性能的影响，并通过数值分析来验证优化效果。最终，可以选择出最优的设计方案并应用于实际工程中。

（三）数形结合在工程问题中的优势

数形结合在工程问题中的应用具有显著的优势。首先，它能够将复杂的工程问题转化为直观的图形语言来表示和分析，使得能够更深入地理解问题本质并找到有效的解决方案。其次，数形结合的方法能够提高优化设计的效率和准确性。通过图形界面上的交互功能和实时反馈机制，可以快速地调整设计方案并验证其效果。最后，数形结合的方法还能够促进工程领域的创新发展。通过不断地将数学理论与工程实践相结合并探索新的应用领域和方法论，能够推动工程技术的不断进步和发展。

三、数形结合在经济问题中的应用：如供需曲线、成本收益分析等

在经济学领域，数形结合作为一种重要的分析工具，极大地丰富了经济问题的研究手段，使得复杂的经济现象和规律得以直观呈现。通过将抽象的数学语言与直观的图形表达相结合，经济学家们能够更深入地理解市场运行机制，预测经济趋势，制定科学合理的经济政策。

（一）数形结合在供需曲线分析中的应用

供需曲线是经济学中最基础也是最核心的概念之一，它直观地展示了市场上商品或服务的供给与需求关系。数形结合在供需曲线分析中的应用主要体现在以下几个方面：

供需曲线通过图形的方式展示了商品价格与供给量、需求量之间的关系。在坐标系中，横轴代表商品的数量（Q），纵轴代表商品的价格（P）。需求曲线通常向右下方倾斜，表示随着价格的下降，需求量会增加；供给曲线则向右上方倾斜，表示随着价格的上升，供给量会增加。通过绘制供需曲线，经济学家们可以直观地看到价格变动对市场需求和供给的影响。在供需曲线图中，均衡价格是指市场上商品需求量与供给量相等时的价格水平，均衡数量则是指在该价格水平下市场上商品的实际交易量。通过联立需求曲线和供给曲线的方程，可以求解出均衡价格和均衡数量。这种求解过程不仅体现了数学方法在经济分析中的应用，也展示了数形结合在求解经济问题中的独特优势。

数形结合还使得经济学家们能够进行供需曲线的动态分析。例如，在分析价格变动对市场的影响时，可以绘制出不同价格水平下的供需曲线图，并观察它们之间的相对位置变化。通过比较静态分析（即考虑两个或多个时间切片上的静态均衡状态）和动态分析（即考虑价格变动对市场均衡状态的连续影响），经济学家们可以更深入地理解市场运行机制，预测市场发展趋势。

（二）数形结合在成本收益分析中的应用

成本收益分析是经济学中用于评估项目或投资是否可行的重要工具。数形结合在成本收益分析中的应用主要体现在以下几个方面：

成本曲线包括总成本曲线、平均成本曲线和边际成本曲线等。通过绘制这些曲线，经济学家们可以直观地看到成本随产量变化的趋势。例如，总成本曲线通常呈现为一条向上倾斜的曲线，表示随着产量的增加，总成本也会增加；而边际成本曲线则可能呈现为先降后升的趋势，表示在某个产量水平之前，增加一单位产量所带来的额外成本会逐渐降低，但超过该水平后则会逐渐增加。这些曲线的绘制和分析有助于经济学家们更准确地评估生产成本和制定生产决策。

收益曲线用于展示产品或服务的销售收入随销量变化的趋势。在坐标系中，横轴代表销量（Q），纵轴代表销售收入（R）。收益曲线通常呈现为一条向上倾斜的直线或曲线（取决于价格是否随销量变化而变化）。通过绘制收益曲线，经济学家们可以直观地看到销量增加对销售收入的影响，以及不同价格策略下的销售收入变化。

盈亏平衡点是成本收益分析中的一个重要概念，它表示在特定价格和销售量下，企业的销售收入与总成本相等，即既不盈利也不亏损的状态。通过数形结合的方法，经济学家们可以绘制出总成本曲线和收益曲线，并找到它们的交点作为盈亏平衡点。这一点的求解不仅有助于企业评估项目的可行性和风险性，还为制定价格策略和产量计划提供了重要依据。

（三）数形结合在经济问题中的优势

数形结合在经济问题中的应用具有显著的优势。首先，它能够将抽象的经济概念和复杂的经济关系以直观的图形方式展示出来，使得经济问题更加易于理解和分析。其次，数形结合的方法提高了经济分析的准确性和效率。通过图形化的表示和计算，经济学家们可以快速地求解出均衡价格、均衡数量、盈亏平衡点等关键经济指标，为制定经济政策和企业决策提供了有力支持。最后，数形结合的方法还促进了经济学与其他学科的交叉融合。例如，在金融学、会计学等领域中，数形结合也被广泛应用于风险评估、投资决策等方面。

四、通过实际问题培养学生数形结合能力的实践方法与途径

在现代教育领域，培养学生的数学素养不仅仅局限于掌握基本的数学运算和

公式，更重要的是培养其解决实际问题的能力，其中数形结合能力尤为重要。数形结合，即将抽象的数学概念与直观的图形表示相结合，是解决复杂问题、深化理解的有效途径。

（一）认识数形结合的重要性

数形结合是指将数学中的数量关系与图形性质相互转化、相互渗透的一种思维方式。它不仅能够帮助学生更直观地理解抽象的数学概念，还能提高他们解决实际问题的能力。在解决实际问题时，通过数形结合，学生可以将复杂的文字描述转化为简单的图形表示，从而更容易找到问题的突破口。

随着时代的发展，社会对人才的需求日益多样化，对人才的数学素养也提出了更高的要求。传统的数学教学往往注重于知识的传授和技能的训练，而忽视了对学生数学思维和问题解决能力的培养。因此，培养学生的数形结合能力，不仅能够提高他们的数学素养，还能为他们未来的学习和工作打下坚实的基础。

（二）选择贴近生活的实际问题

为了有效培养学生的数形结合能力，教师应选择贴近学生生活、具有实际意义的问题进行教学。这些问题可以来源于学生的日常生活、社会热点或科学技术领域等。例如，在购物时如何计算最优惠的购买方案、在旅行时如何规划最短的路线、在建筑设计时如何考虑结构的稳定性等。这些问题不仅能够激发学生的学习兴趣，还能让他们感受到数学在生活中的广泛应用。

为了让学生更好地理解问题，教师应积极创设问题情境。通过模拟真实的场景、提供丰富的背景信息和数据支持等方式，帮助学生将抽象的数学问题转化为具体的实际问题。例如，在教授“一次函数”时，可以设计一个关于出租车计费的问题情境，让学生根据出租车的计费标准（起步价、里程费、等待费等）绘制出费用与行驶距离之间的函数图像，并据此解决相关问题。

（三）实施数形结合的教学策略

图形引导法是指在教学过程中，教师先展示相关的图形或图像，引导学生通过观察和分析图形来发现其中的数学规律或问题。例如，在教授“圆的性质”时，教师可以先展示一个圆的图像，然后让学生观察并思考圆的半径、直径、周长和面积之间的关系。通过图形引导法，学生可以更直观地理解圆的性质，并学会用数学语言来描述这些性质。

数形互译法是指在教学过程中，教师引导学生将数学问题转化为图形问题或将图形问题转化为数学问题。例如，在解决一个关于二次函数最值的问题时，教师可以引导学生先绘制出二次函数的图像，然后观察图像上的最高点或最低点来确定最值的位置。通过数形互译法，学生可以学会在数与形之间自由切换，从而更灵活地解决数学问题。实践操作法是指在教学过程中，教师组织学生进行动手操作或实验活动，通过实践来加深对数形结合的理解和应用。例如，在教授“三角形的稳定性”时，教师可以让学生自己动手制作三角形和四边形模型，并比较它们的稳定性。通过实践操作法，学生可以亲身体验到数形结合在实际问题中的应用价值，从而更加珍视这种思维方式。

（四）促进学生自主学习与合作交流

为了培养学生的数形结合能力，教师应注重培养学生的自主学习能力。通过提供丰富的学习资源和指导方法，引导学生自主探索和发现数学规律。例如，教师可以推荐一些与数形结合相关的书籍、网站或软件供学生参考和学习；同时，还可以设置一些具有挑战性的学习任务或项目，鼓励学生自主完成并分享学习成果。

在培养学生数形结合能力的过程中，合作交流也是不可或缺的一环。教师可以通过组织小组讨论、合作学习等方式来促进学生之间的交流和合作。在小组讨论中，学生可以共同分析问题、制定解决方案并分享学习心得；在合作学习中，学生则可以相互帮助、相互启发并共同进步。通过合作交流机制的建立，学生可以学会倾听他人的意见和观点并学会与他人协作解决问题。

（五）评价与反馈机制的完善

为了全面评估学生的数形结合能力发展情况，教师应构建多元化的评价体系。除了传统的考试成绩外，还可以将学生的课堂表现、作业完成情况、小组合作情况等方面纳入评价范围。同时，还可以采用自我评价、同伴评价和教师评价相结合的方式来进行综合评价。通过多元化评价体系的构建，教师可以更全面地了解学生的数形结合能力发展情况并为其提供有针对性的指导。

在教学过程中，教师应及时关注学生的学习情况并给予反馈。通过课堂观察、作业批改和测试分析等方式来了解学生的学习情况和存在的问题；然后根据学生的反馈情况及时调整教学策略和方法。例如，如果发现学生在数形结合方面存在困难或误解时，教师可以及时组织复习或补充讲解相关内容；同时，还可以针对学生的不同特点和需求提供个性化的指导和帮助。

第九章　分类讨论与整合思想

第一节　分类讨论思想的基本概念与原则

一、分类讨论思想的定义及其在数学解题中的重要性

数学，作为一门严谨而富有逻辑的学科，其解题过程往往要求学习者具备高度的抽象思维能力、逻辑推理能力和问题解决能力。在这些能力之中，分类讨论思想以其独特的魅力和广泛的应用性，成为了数学解题中不可或缺的一部分。

（一）分类讨论思想的定义

分类讨论思想，顾名思义，是指在解决数学问题时，根据题目条件或数学对象的性质、特征等，将其划分为若干个不同的类别或情况，然后分别进行讨论、分析和求解的一种思维方法。这种思想体现了数学中的“化整为零”和“分而治之”的策略，通过将复杂问题分解成若干个相对简单的子问题，使得问题的解决变得更加清晰、有条理。

分类讨论思想的核心要素主要包括以下几个方面：一是明确分类标准，即根据什么原则或条件对问题进行分类；二是确保分类的完整性，即所有可能的情况都应被纳入讨论范围，避免遗漏；三是分类的互斥性，即各个类别之间应互不重叠，避免重复讨论；四是逐一讨论，即对每个类别分别进行详细的讨论和分析，找出各自的解决策略；五是综合归纳，即在完成所有类别的讨论后，对结果进行综合归纳，得出最终答案。

（二）分类讨论思想在数学解题中的重要性

数学题目往往复杂多变，涉及多个变量和条件。通过分类讨论，可以将原本复杂的问题拆解成若干个相对简单的子问题，从而大大降低解题的难度。例如，

在解决含有绝对值的不等式问题时，可以根据绝对值的定义将其分为多个区间进行讨论，每个区间内的不等式都变得相对简单且易于求解。

分类讨论思想要求学生在解题过程中不断变换视角和思路，根据问题的不同情况采取不同的策略。这种思维方式有助于培养学生的灵活性和应变能力，使他们在面对复杂多变的数学问题时能够迅速找到切入点并展开有效的讨论。同时，分类讨论还鼓励学生进行多角度、多层次的思考，促进他们创新思维的发展。

分类讨论不仅是一种解题策略，更是一种深刻的数学思想。通过分类讨论，学生可以更深入地理解数学概念和定理的内涵和外延，掌握它们在不同情境下的应用方法和变化规律。这种深入的理解有助于提高学生的数学素养和综合能力，使他们在未来的学习和工作中能够更好地运用数学知识解决实际问题。

数学是一门严谨的学科，其解题过程要求高度的逻辑性和准确性。分类讨论思想强调对问题进行全面、细致的分析和讨论，确保每个类别都被充分考虑且互不遗漏。这种思维方式有助于培养学生的严谨性和逻辑思维能力，使他们在解题过程中能够保持清晰的思路和严密的推理过程。同时，分类讨论还要求学生对结果进行综合归纳和验证，确保答案的正确性和完整性。

二、分类讨论思想的基本原则：不重复、不遗漏、标准统一

在数学解题的广阔领域中，分类讨论思想是一种极为重要且常用的解题策略。它不仅能够帮助我们面对复杂多变的问题时保持清晰的思路，还能确保解题过程的严谨性和结果的准确性。在这一过程中，遵循“不重复、不遗漏、标准统一”的基本原则显得尤为重要。

（一）不重复原则：确保讨论的简洁性

不重复原则，即在分类讨论时，每个类别或子问题都是独立的，它们之间不应存在交集，以避免对同一情况进行多次讨论。这一原则的核心在于确保讨论的简洁性和高效性，避免不必要的重复劳动和混淆。

在数学解题中，不重复原则的应用随处可见。例如，在解决含参不等式问题时，我们需要根据参数的取值范围进行分类讨论。此时，必须确保各个取值区间之间互不重叠，以避免对同一不等式进行多次分析和求解。同样，在讨论函数的单调性、奇偶性等性质时，也需要根据函数的定义域或特定条件进行细致的分类，并确保每个类别都是独立的、互不重复的。

遵循不重复原则的重要性在于，它能够有效地减少解题过程中的冗余和混乱，使解题过程更加清晰、有条理。同时，它还能够提高解题效率，避免在重复讨论中浪费时间和精力。更重要的是，不重复原则体现了数学解题的严谨性和精确性，是确保解题结果正确性的重要保障。

（二）不遗漏原则：保证讨论的全面性

不遗漏原则，即在分类讨论时，必须确保所有可能的情况或类别都被纳入讨论范围，无一遗漏。这一原则的核心在于保证讨论的全面性和完整性，避免因遗漏情况而导致解题错误或结论片面。

在数学解题中，不遗漏原则的应用同样至关重要。无论是解决代数问题、几何问题还是概率统计问题，都需要对题目中的条件进行全面、细致的分析和讨论。例如，在解决与三角形形状相关的问题时，需要根据三角形的边长或角度关系进行分类讨论，包括等腰三角形、等边三角形、直角三角形等多种情况。此时，必须确保每种情况都被充分考虑和讨论，以避免遗漏任何可能的结论。

遵循不遗漏原则的重要性在于，它能够确保解题过程的完整性和全面性，避免因遗漏情况而导致解题错误或结论片面。在数学解题中，任何一个细节的疏忽都可能导致整个解题过程的失败。因此，不遗漏原则不仅是数学解题的基本要求，也是培养学生严谨态度和全面思维的重要途径。

（三）标准统一原则：提升讨论的规范性

标准统一原则，即在分类讨论时，应明确统一的分类标准或依据，以确保各个类别之间的界限清晰、明确。

在数学解题中，标准统一原则的应用主要体现在分类标准的确定上。例如，在解决与函数图像相关的问题时，可以根据函数的定义域、值域、单调性、奇偶性等性质进行分类讨论。此时，必须明确统一的分类标准，如以函数的单调性为标准进行分类时，应明确单调递增和单调递减的判定条件和表示方法。同样，在解决与几何图形相关的问题时，也应根据图形的性质或特征确定统一的分类标准。

遵循标准统一原则的重要性在于，它能够提升讨论的规范性和一致性，使解题过程更加清晰、有条理。同时，它还能够减少因分类标准不一致而导致的误解和争议，提高解题效率和准确性。更重要的是，标准统一原则体现了数学解题的严谨性和规范性，是培养学生良好数学素养和解题习惯的重要基石。

（四）三原则的综合作用与实践意义

“不重复、不遗漏、标准统一”这三个原则在分类讨论思想中相互依存、相互促进，共同构成了数学解题的坚实基础。不重复原则确保了讨论的简洁性和高效性；不遗漏原则保证了讨论的全面性和完整性；而标准统一原则则提升了讨论的规范性和一致性。这三个原则相互配合、相互补充，共同推动着数学解题过程的顺利进行。

在实践中，遵循这三个原则对于提高学生的数学解题能力和培养严谨的数学思维具有重要意义。首先，它能够帮助学生形成清晰、有条理的解题思路，避免因思路混乱而导致解题错误。其次，它能够培养学生的全面思维和细致观察的习惯，使他们在面对复杂问题时能够保持冷静和耐心。最后，它还能够提升学生的数学素养和解题能力，为他们未来的学习和工作打下坚实的基础。

三、分类讨论思想与其他数学思想的联系与区别

（一）分类讨论思想与其他数学思想的联系

函数思想是通过提出问题的数学特征，建立函数关系型的数学模型，从而进行研究的一种思想方法。分类讨论思想在函数问题的解决中扮演着重要角色。例如，在讨论函数的单调性、奇偶性、周期性等性质时，往往需要根据函数的定义域、值域、导数等特征进行分类讨论。这种分类讨论不仅有助于深入理解函数的性质，还能为后续的解题过程提供清晰的思路。

方程思想是从问题的数量关系入手，运用数学语言将问题中的条件转化为数学模型（方程、不等式等），然后通过解方程（组）或不等式（组）来使问题获解。在解决含参方程或不等式问题时，根据参数的取值范围或方程（不等式）的特定条件进行分类讨论，可以将复杂的方程（不等式）问题转化为若干个简单的子问题来解决。这种转化不仅降低了问题的难度，还提高了解题的效率和准确性。

数形结合思想是将代数与几何相结合的一种思想方法。在某些数学问题中，通过数形结合的方式可以将抽象的数量关系转化为直观的图形关系，从而简化问题的求解过程。分类讨论思想在数形结合思想的应用中也有所体现。例如，在解决与函数图像相关的问题时，可以根据函数图像的形状、位置等特征进行分类讨论；在解决与几何图形相关的问题时，也可以根据图形的性质或特征进行分类讨论。这种分类讨论有助于更好地理解图形的性质和数量关系之间的关系。

转化思想是将未知的、陌生的、复杂的问题转化为已知的、熟悉的、简单的问题来解决的一种思想方法。在分类讨论思想中，也蕴含着转化思想的精髓。通过分类讨论，我们可以将复杂的问题分解为若干个简单的子问题来解决；同时，在解决每个子问题的过程中，也可以运用转化思想将问题进一步简化或转化为其他形式来求解。这种转化不仅有助于降低问题的难度和复杂性，还能提高解题的灵活性和创造性。

（二）分类讨论思想与其他数学思想的区别

分类讨论思想侧重于将复杂的问题按照某种标准进行分类并逐类讨论，其核心在于“化整为零”和“积零为整”。分类讨论思想在数学中的应用场景非常广泛，几乎涵盖了数学的所有领域。无论是代数、几何、概率统计还是其他分支学科，都可以看到分类讨论思想的身影。而其他数学思想则各有其特定的应用场景。例如，函数思想在解决与函数相关的问题时尤为重要；方程思想在解决含参方程或不等式问题时具有独特优势；数形结合思想在解决与图形相关的问题时效果显著；转化思想则在解决复杂多变的问题时展现出强大的灵活性。分类讨论思想的解题步骤通常包括确定讨论对象、确定分类标准、逐类讨论并得出结论等环节。这种解题步骤具有明确性和可操作性强的特点。而其他数学思想的解题步骤则各有特色。例如，函数思想的解题步骤可能包括建立函数关系、分析函数性质、求解问题等环节；方程思想的解题步骤可能包括建立数学模型、解方程（组）或不等式（组）等环节；数形结合思想的解题步骤可能包括将问题转化为图形关系、分析图形性质并求解等环节；转化思想的解题步骤则可能更加灵活多变，需要根据具体问题具体分析。

四、分类讨论思想在培养学生逻辑思维中的作用

分类讨论思想不仅是解决数学问题的重要工具，更是培养学生逻辑思维能力的关键途径。通过分类讨论，学生可以更加清晰地理解问题的本质，把握问题的关键，从而更有条理地进行思考和解答。

分类与归纳是逻辑思维的基本方法。分类讨论思想正是通过引导学生对问题进行分类，从而培养他们的分类能力。在分类的过程中，学生需要识别问题的不同特征，确定分类的标准，然后将问题划分为若干个相互独立又相互联系的子问题。这一过程不仅锻炼了学生的观察力、分析力和判断力，还使他们在潜移默化

中掌握了分类的方法和技巧。同时，通过归纳各个子问题的解答，学生可以得出原问题的综合解答，从而培养他们的归纳能力。这种分类与归纳的训练过程，为学生逻辑思维的发展奠定了坚实的基础。

分类讨论思想要求学生在解题过程中保持清晰的思路和条理化的步骤。在分类讨论时，学生需要按照一定的逻辑顺序对问题进行分解和重构，确保每个子问题都得到充分的关注和解决。这种条理性的思维方式有助于学生在面对复杂问题时保持冷静和理性，避免被问题的表象所迷惑。同时，通过分类讨论得出的解答往往具有系统性和完整性，能够全面反映问题的各个方面和层次。这种系统性的思维方式有助于学生在学习和生活中形成全面、深入的思考习惯。

分类讨论思想强调在解题过程中遵循严格的逻辑规则和精确的数学语言。在分类讨论时，学生需要确保每个子问题的分类标准明确、无歧义，且各个子问题之间互不重叠、互不遗漏。这种严谨性的要求有助于学生在解题过程中保持高度的警觉性和责任感，避免出现错误或遗漏。同时，通过精确的数学语言表达分类讨论的结果和结论，学生可以进一步培养他们的精确性思维能力和语言表达能力。这种严谨性与精确性的训练过程对于提升学生的逻辑思维能力和数学素养具有重要意义。

分类讨论思想不仅是一种解题策略，更是一种思维方式。在分类讨论的过程中，学生需要不断尝试新的分类标准和解题思路，以寻找最优的解题方案。这种创新性的尝试有助于激发学生的创新思维能力和解决问题的能力。同时，分类讨论思想还要求学生具备灵活的思维转换能力，能够在不同的分类标准和解题思路之间进行切换和整合。这种灵活性的训练过程有助于学生在面对新问题时能够迅速适应并找到有效的解决方法。

第二节　分类讨论在解决高等数学问题中的应用

一、分类讨论在解决函数问题中的优势与挑战

在数学领域中，函数作为描述变量之间关系的重要工具，其复杂性和多样性使得解决函数问题成为一项既具挑战性又极具价值的任务。分类讨论作为一种有

效的解题策略，在解决函数问题时展现出了独特的魅力，尤其是在处理分段函数和绝对值函数等复杂函数类型时，其作用更为显著。

（一）优势

1. 清晰明了

分类讨论将复杂问题分解为若干个简单的子问题进行处理，使得解题过程更加清晰明了。这种“化繁为简”的思维方式有助于降低问题的难度和复杂性。

2. 避免遗漏

通过分类讨论，可以确保在解题过程中考虑到所有可能的情况和区间，从而避免遗漏和错误。这种全面性和严谨性是分类讨论思想的重要优势之一。

3. 培养逻辑思维

分类讨论的过程需要学生进行深入的思考和推理，有助于培养他们的逻辑思维能力和问题解决能力。这种能力的培养对于学生的全面发展具有重要意义。

（二）挑战

1. 分类标准的确定

在分类讨论中，如何确定合理的分类标准是一个关键问题。如果分类标准选择不当或过于复杂，将增加解题的难度和复杂性。因此，在选择分类标准时，需要充分考虑问题的特点和要求。

2. 子问题的处理

在分类讨论中，每个子问题都需要进行独立的处理和求解。如果某个子问题处理不当或求解错误，将影响整个解题过程的正确性和完整性。因此，在处理子问题时需要保持高度的警觉性和责任感。

3. 综合能力的培养

虽然分类讨论有助于培养学生的逻辑思维能力，但过度依赖分类讨论也可能导致学生的综合能力和创新思维受到限制。因此，在教学中需要注重培养学生的综合能力和创新思维，引导他们从多个角度和层面去思考和解决问题。

二、分类讨论在解决数列与极限问题中的应用：如数列的收敛性、极限的存在性等

在数学中，数列与极限是分析学的重要组成部分，它们不仅为微积分学提供了基础，还在物理、工程、经济等多个领域有着广泛的应用。在处理数列与极限

问题时，分类讨论作为一种重要的数学方法，对于解决复杂多变的数学问题具有不可替代的作用。

（一）数列的收敛性与分类讨论

1. 数列收敛性的定义

数列的收敛性是指数列的项是否随着项数的增加而趋于某个固定的数（即极限）。如果数列存在极限，则称该数列收敛；如果不存在极限，则称该数列发散。

2. 分类讨论在数列收敛性中的应用

（1）根据数列的通项公式分类

数列的通项公式是判断数列收敛性的重要依据。不同类型的通项公式可能导致数列具有不同的收敛性。例如，等比数列的收敛性取决于公比的绝对值是否小于1；而等差数列（在无限项的情况下）则总是发散的，除非它退化为常数数列。因此，可以根据数列的通项公式类型进行分类讨论，以判断其收敛性。

（2）根据数列的增减性分类

数列的增减性也是判断其收敛性的重要依据。如果数列是单调递增且有上界，或者单调递减且有下界，则根据单调有界定理，该数列必定收敛。因此，可以根据数列的增减性进行分类讨论，以确定其是否满足收敛条件。

（3）根据数列的项与某项的关系分类

有时，可以通过比较数列的项与某个特定项（如首项、末项或某个关键项）的关系来判断数列的收敛性。例如，如果数列的每一项都小于或等于其前一项的一半，则该数列必然收敛于0。这种分类讨论方法需要我们对数列的项与项之间的关系有深入的理解。

（二）极限的存在性与分类讨论

1. 极限存在性的判断

极限的存在性是极限理论的核心问题之一。在判断数列或函数的极限是否存在时，通常需要运用一系列的数学定理和技巧。分类讨论作为其中的一种重要方法，在解决这类问题时发挥着关键作用。

2. 分类讨论在极限存在性中的应用

（1）根据极限的定义分类

根据极限的定义，可以将问题转化为判断数列或函数在某点附近的取值是否趋近于某个固定值。这通常涉及对数列或函数在该点附近的性质进行分类讨论。

例如，在判断函数在某点的极限是否存在时，需要分别考虑该点是否为函数的定义域内的点、是否为函数的间断点、以及函数在该点附近的变化趋势等因素。

（2）根据极限的性质分类

极限具有一系列重要的性质，如唯一性、线性性、保序性等。这些性质为我们判断极限的存在性提供了有力的工具。在运用这些性质时，往往需要对问题进行分类讨论。例如，在利用夹逼定理判断数列极限存在性时，需要找到两个收敛于同一极限的数列来夹逼原数列；而在利用单调有界定理时，则需要先判断数列的单调性和有界性。

（3）根据数列或函数的类型分类

不同类型的数列或函数可能具有不同的极限性质。因此，在判断极限存在性时，可以根据数列或函数的类型进行分类讨论。例如，对于分式数列或函数，可以先考虑其分子和分母的极限是否存在以及它们之间的关系；对于三角函数数列或函数，则可以利用三角函数的周期性和单调性来判断其极限的存在性。

第三节 整合思想在解决复杂问题中的作用

一、整合思想的定义及其在数学解题中的意义与应用

在数学领域，整合思想作为一种深层次的思维方式和解题策略，对于提升学生的数学素养、培养创新能力和解决实际问题具有不可估量的价值。

（一）整合思想的定义与内涵

1. 定义

整合思想，简而言之，是指将不同来源、不同性质、不同层次的数学元素或知识体系进行有机融合，形成一个更加系统、全面、高效的解题框架或思维模式。这种思想强调对知识的综合运用和灵活迁移，要求学生在面对复杂问题时，能够跨越学科界限或知识领域，寻找最合适的工具和方法来解决问题。

2. 内涵

（1）知识的综合性：整合思想要求学生具备广泛而深入的知识储备，能够灵活运用代数、几何、概率统计等多个领域的数学知识来解决问题。这种综合性

不仅体现在知识点的广度上，更体现在知识点之间的内在联系和相互转化上。

（2）方法的多样性：在数学解题中，整合思想鼓励学生尝试多种解题方法，包括直接法、间接法、数形结合、分类讨论等。通过比较不同方法的优缺点和适用范围，学生可以更加灵活地选择最适合当前问题的解题策略。

（3）思维的灵活性：整合思想强调思维的灵活性和创新性。在面对复杂多变的问题时，学生需要不断调整和优化解题思路，运用逆向思维、发散思维等高级思维方式来寻找问题的突破口和解决方案。

（4）实践的探索性：整合思想鼓励学生积极参与数学实践活动，通过动手操作、实验探究等方式来深化对数学知识的理解和应用。这种实践探索不仅有助于培养学生的动手能力和创新精神，还能让他们更加直观地感受到数学知识的魅力和价值。

（二）整合思想在数学解题中的意义

整合思想能够帮助学生快速准确地识别问题的关键信息和核心要素，从而选择最合适的解题方法和策略。通过综合运用多种数学知识和方法，学生可以更加高效地解决复杂问题，提高解题速度和准确率。

整合思想鼓励学生打破常规思维定式，勇于尝试新的解题方法和思路。在解题过程中，学生需要不断探索和发现新的知识点之间的联系和转化规律，从而培养出创新思维和创新能力。这种创新能力不仅有助于学生在数学领域取得优异成绩，还能为他们在未来的学习和工作中提供源源不断的动力和支持。

整合思想要求学生具备广泛而深入的数学知识储备和灵活运用知识的能力。通过不断地学习和实践，学生可以逐渐构建起自己的数学知识体系，并在这个过程中不断提升自己的数学素养。这种数学素养不仅包括对数学基本概念和原理的深入理解和熟练掌握，还包括对数学思想和方法的灵活运用和创造性发挥。

数学是一门应用性极强的学科，其最终目的是解决实际问题。整合思想能够帮助学生将数学知识与实际问题相结合，通过构建数学模型、运用数学方法等手段来分析和解决实际问题。这种能力不仅有助于学生在学术研究中取得突破性进展，还能为他们在社会生活中提供更加科学、合理的决策依据。

（三）整合思想在数学解题中的应用策略

整合思想的基础在于对基础知识的扎实掌握。因此，教师在教学过程中应注重基础知识的讲授和巩固，帮助学生建立起完整、系统的数学知识体系。同时，还应引导学生深入挖掘知识点之间的内在联系和转化规律，培养他们的知识整合能力。

教师在解题教学中应鼓励学生尝试多种解题方法，并引导他们分析比较不同方法的优缺点和适用范围。通过多样化的解题方法训练，学生可以更加灵活地应对各种复杂问题，并逐渐形成自己独特的解题风格和策略。整合思想强调思维的灵活性和创新性。因此，教师在教学过程中应注重培养学生的思维能力，特别是逆向思维、发散思维等高级思维方式。通过设计一些具有挑战性的数学问题或实践活动来激发学生的思维潜能和创造力。

实践是检验真理的唯一标准。在数学教学中，教师应鼓励学生积极参与数学实践活动，如数学建模、数学实验等。通过实践活动来深化对数学知识的理解和应用，并在这个过程中逐渐培养起解决实际问题的能力。整合思想不仅要求数学内部的知识整合，还强调跨学科的知识整合。因此，教师在教学过程中可以适当地引入其他学科的知识和方法来丰富数学教学内容和形式。例如，可以将物理、化学等学科中的实际问题转化为数学问题来求解；也可以利用计算机技术来辅助数学教学等。这种跨学科整合不仅有助于拓宽学生的知识视野和思维空间，还能提高他们的综合素质和创新能力。

二、整合思想在解决跨学科问题中的应用：如数理结合、数化结合等

在当今知识爆炸的时代，单一学科的知识已难以满足复杂问题的解决需求，跨学科整合成为推动科学进步和社会发展的重要驱动力。在数学领域，整合思想尤为关键，它不仅体现在数学内部的各个分支之间，更广泛地应用于与其他学科的交叉融合中，如数理结合与数化结合等。

（一）整合思想的跨学科内涵

数理结合是指数学与物理学的深度融合与互动。物理学作为自然科学的基础学科，其研究离不开数学工具的支持。数学则为物理学提供了精确描述自然现象的语言和模型。数理结合不仅体现在物理学理论体系的构建上，如利用微积分、线性代数、偏微分方程等数学工具解决物理问题；还体现在物理学实验数据的处理与分析中，如利用统计学、概率论等方法优化实验设计和数据解读。

数化结合则是指数学与化学、生物学、信息科学等其他学科的交叉融合。随着科技的发展，这些学科越来越依赖于数学方法和技术的支持。例如，在化学领

域，量子化学利用量子力学原理和数学方法来研究分子的结构和性质；在生物学领域，生物信息学通过计算机科学和数学统计方法来处理和分析海量的生物数据；在信息科学领域，数学算法和模型是构建复杂信息系统和网络的关键。

（二）整合思想在跨学科问题中的意义

跨学科整合打破了学科壁垒，使研究者能够从不同角度审视同一问题，从而发现新的研究视角和思路。数学作为一门工具性学科，其与其他学科的结合能够拓宽研究者的视野，使他们在解决问题时能够综合运用多种知识和方法。

跨学科整合促进了不同学科之间的知识交流和碰撞，为知识创新提供了肥沃的土壤。数学与其他学科的结合不仅能够产生新的学科分支和交叉领域，还能推动原有学科的理论和方法的发展和完善。现实世界中的问题往往涉及多个领域和层面，需要综合运用多种知识和技术来解决。跨学科整合能够集成不同学科的优势资源和技术手段，形成合力攻克复杂问题的局面。数学作为一种普遍适用的语言和方法论工具，在跨学科问题解决中发挥着不可替代的作用。

（三）实施策略

促进数学与其他学科之间的交流与合作是实施跨学科整合的前提和基础。高校和科研机构应建立跨学科研究平台和团队，鼓励不同学科背景的研究者共同参与科研项目和学术交流活动。同时，还应加强学科间的教学合作和课程改革，将跨学科整合的理念和方法融入教学过程中。

跨学科整合需要具备跨学科素养和创新能力的人才来支撑。高校应调整人才培养目标和课程设置，注重培养学生的跨学科思维能力和综合素质。可以通过设置跨学科课程、开展跨学科实践项目、邀请跨学科专家讲座等方式来拓宽学生的知识视野和思维方式。

跨学科整合需要具体的科研项目和实施方案来推动。高校和科研机构应积极争取国家和社会各界的支持，共同申报和实施跨学科科研项目。在项目实施过程中，应注重团队合作和资源共享，充分发挥不同学科的优势和特长，形成协同创新的良好局面。

三、整合思想在解决综合性问题中的应用：如优化问题、决策问题等

在当今复杂多变的社会环境中，综合性问题日益凸显，这些问题往往涉及多

个变量、多个目标以及复杂的相互关系，传统的单一学科或单一方法难以有效解决。因此，整合思想作为一种跨领域、跨学科的思维模式，在解决综合性问题中显得尤为重要。

（一）优化问题中的整合思想应用

优化问题是综合性问题中的一大类，其目标是在给定条件下寻找最优解或满意解。在解决优化问题时，整合思想的应用主要体现在以下几个方面：

很多优化问题并非单一目标，而是涉及多个相互冲突的目标。此时，整合思想要求将多个目标转化为一个综合目标函数，通过加权、罚函数等方法进行平衡和优化。同时，还需要考虑不同目标之间的优先级和重要性，以实现整体最优。优化问题中往往存在各种约束条件，如资源限制、技术条件、政策法规等。整合思想要求全面梳理和分析这些约束条件，将其整合到优化模型中，以确保解决方案的可行性和有效性。同时，还需要考虑约束条件之间的相互影响和制约关系，以避免出现“顾此失彼”的情况。

针对不同类型的优化问题，存在多种算法和技术可供选择。整合思想要求根据问题的特点和需求，选择合适的算法和技术进行组合和优化。例如，对于大规模优化问题，可以采用启发式算法与精确算法相结合的混合策略；对于非线性优化问题，可以引入遗传算法、粒子群优化等智能优化算法来提高求解效率和质量。

（二）决策问题中的整合思想应用

决策问题也是一类重要的综合性问题，其目标是在不确定条件下做出最佳选择。在解决决策问题时，整合思想的应用主要体现在以下几个方面：

决策过程需要大量的信息支持，包括市场数据、技术趋势、政策环境等。整合思想要求全面收集和整理这些信息，通过数据挖掘、统计分析等方法提取有价值的信息和规律，为决策提供科学依据。同时，还需要考虑信息的时效性和可靠性，以确保决策的正确性和有效性。在决策过程中，通常会提出多个备选方案。整合思想要求对这些方案进行全面评估和比较，考虑其可行性、经济性、社会效益等多个方面。通过构建评估指标体系、运用多属性决策方法等手段，对各个方案进行量化分析和排序，为最终决策提供有力支持。

决策过程中往往伴随着各种风险和不确定性。整合思想要求对这些风险和不确定性进行全面分析和评估，制定相应的风险管理策略和应对措施。可以通过敏感性分析、概率分析等方法来量化风险和不确定性的影响程度和范围；可以通过情景规划、应急预案等手段来提高决策的灵活性和适应性。

（三）整合思想在解决综合性问题中的实施路径

首先，需要明确问题的性质、范围和目标，对问题进行深入分析和梳理。这是应用整合思想的前提和基础。

其次，在明确问题与目标的基础上，构建问题的框架和模型。这包括确定问题的关键要素、变量和约束条件；建立问题的数学或逻辑模型等。全面收集和整理与问题相关的信息和资源，包括数据、知识、技术、人力等。通过数据挖掘、知识管理、技术融合等手段来实现信息的整合和资源的优化配置。

再次，根据问题的特点和需求，选择合适的方法和技术进行求解。这包括算法选择、模型优化、决策支持系统等。同时，还需要考虑不同方法和技术之间的互补性和协同性。

最后，将整合后的解决方案付诸实施，并密切关注实施过程中的反馈和变化。根据反馈结果及时调整和优化解决方案，以确保其有效性和适应性。

（四）整合思想在解决综合性问题中的意义

整合思想在解决综合性问题中具有重要意义。它不仅有助于提高解决问题的效率和质量；还有助于培养人们的创新思维和跨界合作能力；更有助于推动社会经济的可持续发展和科技进步。通过整合思想的应用，可以更好地应对复杂多变的问题挑战；实现资源的优化配置和高效利用；推动人类社会的不断进步和发展。

第四节　培养学生的分类讨论与整合思维能力

一、分类讨论与整合思维能力的培养目标：逻辑思维能力、创新能力等

在当今社会，无论是学术研究、科技创新还是日常生活，分类讨论与整合思维能力都显得尤为重要。这两种思维方式不仅能够帮助学生更好地理解和解决问题，还能够促进学生的逻辑思维能力和创新能力的提升。

（一）分类讨论与整合思维的基本概念

分类讨论是一种将事物按照某种标准或属性进行划分，并对每一类进行分别讨论的思维方法。它能够帮助学生更加清晰地认识事物的本质和规律，是科学研究和社会实践中常用的方法之一。而整合思维则是一种将不同元素、观点或信息进行整合，以形成新的、更全面的理解的思维方式。它强调跨越传统界限，寻找不同领域之间的联系和共通点，从而创造出新的价值和意义。

（二）分类讨论与逻辑思维能力

逻辑思维能力是指根据一定的逻辑规则进行推理、判断和解决问题的能力。分类讨论作为一种基本的逻辑方法，对于培养逻辑思维能力具有重要作用。通过分类讨论，可以学会如何对事物进行有条理的分析和归纳，如何识别事物的共性和差异，以及如何运用逻辑规则进行推理和判断。这些技能对于提高学生的思维严谨性和解决问题的能力至关重要。

在培养逻辑思维能力的过程中，可以通过以下策略来加强分类讨论的训练：

第一，在进行分类讨论时，要明确分类的标准或属性，确保分类的准确性和合理性。

第二，对每一类进行深入的分析，探讨其独有的特征和规律，加深对事物的理解。

第三，在分类讨论的过程中，要遵循逻辑规则进行推理和判断，确保结论的合理性和有效性。

（三）分类讨论与创新能力

创新能力是指提出新观点、新方法或新产品的能力。虽然分类讨论本身是一种分析方法，但它也可以为创新提供有力的支持。通过分类讨论，可以更加深入地了解事物的本质和规律，发现其中存在的问题和不足之处。这为我们提供了创新的契机和动力。同时，分类讨论还可以帮助我们打破传统思维的束缚，从不同的角度审视问题，从而提出新的解决方案和创意。

为了培养创新能力，可以在分类讨论的基础上采取以下策略：

第一，在分类讨论的过程中，鼓励对现有的分类和观点进行质疑和挑战，提出新的见解和看法。

第二，尝试将不同领域的分类讨论结果进行对比和联系，寻找其中的共通点和交叉点，为创新提供新的思路。

第三，将分类讨论的结果应用于实际问题中，通过实践来检验和完善创新方案。

（四）整合思维与逻辑思维能力、创新能力的关系

整合思维与逻辑思维能力、创新能力之间存在着密切的关系。一方面，整合思维需要逻辑思维能力作为基础。在进行整合时，需要对不同的元素、观点或信息进行有条理的分析和归纳，识别它们之间的逻辑关系和内在联系。这需要我们具备严谨的逻辑思维能力和推理能力。另一方面，整合思维也是创新能力的重要来源。通过将不同的元素、观点或信息进行整合，可以创造出新的、更全面的理解和解决方案。这种跨界的整合往往能够带来意想不到的创新成果。

为了培养整合思维能力与逻辑思维能力、创新能力的协同发展，可以采取以下策略：

第一，鼓励跨学科的学习和研究，打破传统学科的界限，寻找不同领域之间的联系和共通点。

第二，通过实践活动来检验和完善整合思维的结果，同时注重反思和总结，提炼出其中的逻辑思维和创新点。

第三，在团队中开展整合思维的训练和实践，鼓励成员之间的交流和合作，共同推动逻辑思维能力和创新能力的提升。

二、分类讨论与整合思维能力的培养途径：课堂教学、实践训练、竞赛参与等

在当今社会，分类讨论与整合思维能力被视为个体认知发展中的重要组成部分。这两种思维方式不仅关乎我们如何理解和处理信息，还深刻影响着我们的决策质量、问题解决能力以及创新能力。因此，探讨其培养途径，对于教育者和学习者而言，都具有重要的实践意义。

（一）课堂教学：理论奠基与思维启迪

课堂教学是培养分类讨论与整合思维能力的基石。在这一环节中，教师不仅传授学科知识，更重要的是引导学生掌握分类讨论与整合的基本方法，并激发其运用这些方法的兴趣。

1. 理论讲解与案例分析

教师可以通过生动的案例，展示分类讨论与整合思维在实际问题中的应用。

例如，在生物学课上，通过讨论不同物种的分类特征，引导学生理解分类的逻辑基础；在历史课上，通过分析不同历史事件的因果关系，培养学生整合信息的能力。

2. 互动式学习

采用小组讨论、角色扮演等互动方式，鼓励学生主动参与分类讨论与整合思维的实践。通过与他人交流观点，学生可以学会从不同角度审视问题，从而丰富自己的思维方式。

3. 思维导图与概念图

教会学生使用思维导图和概念图等工具，帮助他们整理和归纳信息，形成清晰的知识体系。这些工具在促进分类讨论与整合思维方面具有显著效果。

（二）实践训练：能力提升与经验积累

实践训练是巩固和深化分类讨论与整合思维能力的关键环节。通过实际操作和问题解决，学生可以不断锻炼自己的思维肌肉。

参与跨学科的项目式学习，学生需要在真实或模拟的情境中，运用分类讨论与整合思维来解决问题。例如，一个环保项目可能要求学生分析不同垃圾的分类处理方式，并提出整合性的解决方案。鼓励学生进行社会调查或学术研究，收集和分析数据，撰写研究报告。在这个过程中，他们需要运用分类讨论来梳理信息，运用整合思维来形成结论和建议。

通过实习或志愿服务，学生可以在实际工作中遇到需要分类讨论与整合思维的问题。例如，在市场营销部门实习时，学生可能需要分析不同消费者群体的特征，并整合这些信息来制定营销策略。

（三）竞赛参与：挑战自我与思维碰撞

竞赛参与是提升分类讨论与整合思维能力的高效途径。在竞赛中，学生面临来自同龄人的挑战，需要迅速而准确地运用这两种思维方式来解决问题。

参加数学、物理、化学等学科的竞赛，要求学生具备扎实的分类讨论能力，以便在复杂的问题中找到解题的线索。同时，整合思维也是解题过程中不可或缺的一部分。参与辩论赛或模拟法庭活动，学生需要在有限的时间内对问题进行深入的分析和分类讨论，并整合各种信息来构建有力的论点或辩护策略。在创新创业大赛中，学生需要运用分类讨论来识别市场机会或技术挑战，并运用整合思维来构思创新的解决方案或商业模式。

三、分类讨论与整合思维能力的培养方法：案例教学、项目驱动、合作学习等

分类讨论与整合思维能力是解决问题、进行决策和创新思考的关键能力。这些能力不仅有助于个人在学术和职业领域的成功，还是日常生活中不可或缺的技能。为了有效培养这些能力，可以采用多种教学方法，其中案例教学、项目驱动和合作学习尤为突出。

（一）案例教学：从实例中学习分类与整合

案例教学是一种通过分析和讨论具体案例来教授知识和技能的方法。在培养分类讨论与整合思维能力方面，案例教学具有显著优势。

首先，要选择具有代表性和复杂性的案例，确保涵盖多个方面和层次，以便学生进行深入的分类讨论。案例应贴近现实生活或专业实践，以增强学生的参与感和兴趣。

其次，要引导学生对案例进行细致的观察和分析，识别其中的关键要素和关系。鼓励学生从不同角度对案例进行分类，如按问题性质、影响范围、解决方案等。

最后，在分析的基础上，引导学生整合所学知识，提出解决问题的策略或建议。通过讨论和反思，帮助学生理解分类讨论在解决实际问题中的应用价值。

（二）项目驱动：在实践中锻炼分类与整合能力

项目驱动教学是一种以学生为中心，通过完成项目来学习知识和技能的教学方法。在培养分类讨论与整合思维能力方面，项目驱动可采用以下策略：

第一，设计具有挑战性和开放性的项目，要求学生进行深入的分类讨论和整合思考。项目应涉及多个学科或领域，以促进学生跨学科的分类与整合能力。

第二，引导学生在项目实施过程中进行持续的分类讨论，如任务分配、资源整合、问题解决等。鼓励学生采用多种方法和工具进行分类和整合，以提高思维的灵活性和创造性。

第三，要求学生以报告、演示或实物等形式展示项目成果，体现其分类讨论与整合思维的成果。通过同伴评价和教师反馈，帮助学生认识到自己在分类讨论与整合能力方面的优势和不足。

（三）合作学习：在团队协作中提升分类与整合能力

合作学习是一种通过小组或团队形式，共同完成任务和学习目标的教学方法。

在培养分类讨论与整合思维能力方面，合作学习可采用以下策略：

第一，根据学生的能力、兴趣和性格等因素组建异质小组，以促进多元化的分类讨论。明确小组角色和责任，确保每个成员都能参与到分类讨论与整合的过程中。

第二，鼓励小组内进行充分的讨论和交流，共同对问题进行分类和整合。引导小组采用有效的协作策略，如分工合作、信息共享、决策制定等。

第三，要求小组向全班展示其分类讨论与整合的成果，促进班级内的知识共享和学习。通过小组自评和互评，帮助学生认识到团队协作在提升分类讨论与整合能力方面的重要性。

参考文献

[1] 庞峰. 高等数学思想与方法研究[M].北京： 中国原子能出版社, 2022.

[2] 吴炯圻，陈跃辉，唐振松. 高等数学及其思想方法与实验 上[M]. 厦门：厦门大学出版社, 2013.

[3] 杨鎏，孙建红，周俊林. 高等数学及其思想方法与实验研究[M]. 长春：吉林大学出版社, 2016.

[4] 李凌凌,赵利明. 高等数学中的核心思想及实验探究[M]. 北京：新华出版社, 2015.

[5] 朱贵凤. 高等数学[M]. 北京：北京理工大学出版社, 2020.

[6] 曹西林. 高等数学[M]. 北京：北京理工大学出版社, 2019.

[7] 艾国平，张喜红. 高等数学 第2版[M]. 北京：中国医药科学技术出版社, 2021.

[8] 刘秀萍，徐茂良. 高等数学[M]. 重庆：重庆大学出版社, 2021.

[9] 王文静，袁海君. 高等数学[M]. 上海：上海财经大学出版社, 2020.

[10] 陆宜清，林大志. 高等数学 下 第3版[M]. 上海：上海科学技术出版社, 2022.

[11] 丁黎明. 高等数学解题攻略[M]. 厦门：厦门大学出版社, 2022.

[12] 宋翌，谭雪梅. 高等数学 上 第2版[M]. 北京：北京理工大学出版社, 2017.

[13] 殷新华. 高等数学 经管类[M]. 合肥：中国科学技术大学出版社, 2019.

[14] 杨秀杰，吕淑君，张余. 高等数学 下[M]. 成都：电子科技大学出版社, 2019.

[15] 常天兴. 高等数学教育中的思维能力培养研究[M].北京： 中国原子能出版社, 2022.

[16] 吴建春. 高等数学基础[M]. 重庆：重庆大学出版社, 2019.

[17] 黄英芬，毛志. 高等数学 上[M]. 重庆：重庆大学出版社, 2018.

[18] 储继迅，王萍. 高等数学教学设计[M]. 北京：机械工业出版社, 2020.

[19] 董银丽. 高等数学 第2版[M]. 北京：北京理工大学出版社, 2019.

[20] 刘早清. 高等数学[M]. 武汉：华中科技大学出版社, 2019.

[21] 刘萍，贾彪. 高等数学[M]. 南京：东南大学出版社, 2014.

[22] 邵建华，关明云. 高等数学[M]. 上海：上海科学技术出版社, 2014.

[23] 冯潞强，张仙凤，由向平. 高等代数思想方法分析及应用研究[M].北京：中国原子能出版社, 2021.

[24] 高云峰，马辉，侯方博. 线性代数[M]. 上海：同济大学出版社, 2022.

[25] 侯方勇. 高等数学 第2版[M]. 西安：西安交通大学出版社, 2019.

[26] 彭翕成. 从初等数学到高等数学 第2卷[M]. 合肥：中国科学技术大学出版社, 2023.